快樂貓咪
飼育指南

I ♥

**HAPPY
CATS**

晨星出版

感謝各位

感謝所有愛貓人士以及他們的貓咪，長年累月以來帶給了我許多深刻見解，因此我才能與廣闊的世界分享這些事物。我們攜手努力，就能讓貓咪們不再被關在收容所裡。

感謝我的手足裘莉安（Jolien）及我的母親克莉絲朵（Kristel），她們總是支持著我每一個瘋狂的想法，當然也包括這本書，沒有妳們，Felinova不可能走到現在！感謝我的父親簡（Jan），他充滿智慧的建議以及獨到的見解，總讓我獲益良多。

感謝我的導師安妮‧麥克布賴德（Anne McBride），我從她身上學到了不斷去挑戰我所知的一切。

感謝所有相信本書價值的你們，你們知道我在說誰！

感謝艾思翠（Astrid），我最好的朋友兼最傑出的設計藝術師，謝謝妳在賦予這本書美麗設計的同時，也支持著我的心靈。

感謝尼基（Nicky）、佐伊（Zoe）和比茲（Bizzy）給我的鼓勵與支持，感謝你們愛上這本書寶寶。

感謝班斯（Bence）讓這本書有了美麗插圖，也感謝進行英語翻譯的安德魯（Andrew）和他的貓咪威士忌（Whisky）。

感謝我的貓咪教練們，他們懷抱著無限支持與熱忱，總是為了讓貓咪更快樂而奮鬥。

感謝一路走來給予信任的人，謝謝你們相信我，也相信Felinova。

以愛敬獻，安娜琳（Anneleen）

如需更多詳細資訊或欲進行預約，請訪問我們的網頁：www.ilovehappy-cats.com，或與我連絡：anneleen@felinova.be。我們期待您的聯繫！

你能從本書中找到什麼資訊呢？

首要前言 4

你家養著怎樣的貓？ 11

貓咪背景調查 13

你的貓如何感知世界 19

貓咪個體間的行為差異 27

情緒與動機 41

動物行為學：了解貓咪的行為 49

解讀貓咪行為 51

貓咪的地盤 55

社交與獨行行為 61

交流：了解貓咪的語言 77

視覺交流 83

氣味交流 99

聲音交流 103

概要：讀懂貓咪行為 109

優化環境 115

避免資源匱乏 123

安全或不安全 129

食物與水 133

貓砂盆 143

磨爪子 153

躲藏地點 157

豐富貓咪生活 167

狩獵行為 169

遊戲類型 175

豐富貓咪生活 181

玩耍時的注意事項 191

增進你與貓咪的關係 195

表達情感 197

和貓咪打交道 203

無視、無視、再無視 209

膽小貓咪的放鬆訓練 213

作者後記 220

關於作者 222

首要前言

能在家裡養隻貓簡直是天大的榮幸，畢竟貓的魅力是那麼不可抗拒。

這本書適合所有愛貓人士閱讀——不論是每天會接觸到貓的人，或者自家就養著幾隻可愛小貓的人士都適用。不論是多年的貓奴，或者剛領養小貓的飼主，這本書都能讓你更了解自己的貓咪，只要稍微改變家中環境和自己的行為舉止，就能養出日漸快樂的貓咪。

貓咪與飼主之間如果能相處得其樂融融，不僅飼主本身能擁有更大的幸福感並更加快樂，動物收容所中的貓也能相對減少許多。

身為貓咪行為治療師，我和許多飼主們進行過無數次諮詢，他們都覺得自己的貓有著不良行為。其實這通常都是由於誤解而導致的問題，因為大家習慣以人類的角度去判斷貓的行為。

這麼多年來，我們觀察到了許多不同且有趣的模式，這也是我們想和大家分享的事情。

在處理與改善這種不良行為的過程中，我們也發現了預防這些問題的方法。

經過多年的測試與驗證後，這本書可說是我們的體悟與訣竅結晶。

這本書的目標，一方面是想透過解析貓咪行為背後的理論，讓我們更加了解貓咪的行為舉止，並去提升牠們的幸福感。另一方面，我們希望透過提供實用技巧，以此讓你的貓更快樂，這樣不但能增加你身為飼主的樂趣，也能使你們之間的關係更加融洽。

也就是説本書以科學資訊和多年經驗為根據，有著實用且有效的技巧，有助於你養出更快樂的貓。讓自己獲得啟發，但別灰心，你不用（馬上）做到這本書中所説的所有事情。

如果要以治療師的身份來給建議，我認為在技巧方面，除了實用且實惠以外，還要能讓你在 4~6 週的時間內，看到貓咪行為有所改變。

假如你的貓咪已經很快樂了，那麼再加上我們的建議與技巧，你的貓咪也許會變得更加開心呢。

或者説你已經察覺到，自己和貓咪之間的關係有些緊張，又或者你不太確定自己的貓咪到底是不是真的開心。那麼在這本書中，你一定能發現許多全新體悟，讓你更清楚你家那神秘的小老虎到底是怎麼了。

關於貓咪與其行為，存在著許多不同的意見與論點，這是完全合理的事情（但有些看法相比其他見解更有科學支持就是了）。對於大家的選擇、預算、動力及可用的時間，我們總是抱持著一顆尊重的心。這本書將協助你做出更有利的選擇，並在對待貓咪及滿足貓咪需求方面更有信心。在閱讀本書時，不論你的感覺是怎麼樣，請照著直覺走就好，因為你

才是最了解你家貓咪的人。如果你的直覺告訴你，這本書裡的指示不適用於你的貓咪，或者在試過一些技巧後，你覺得先前的狀態還是比較好，那麼就照著直覺來吧！

在開始之前想提的最後一點是，雖然這本書的目標在於提升貓咪的生活，但請務必以緩慢的步調進行更動。這就是為什麼我們只建議各位在家中「增加」一點小變動，所以請別突然著手拆卸或更換事物！這樣對貓咪來講可是會造成恐慌的呢。你想實際操作看看嗎？請讓一切保持原狀，只在其他地點添加一些東西。在接下來的幾週時間中，觀察哪些方法有效，再慢慢把那些沒有用到的物品移走。可別像旋風般在家裡亂掃，而是要緩慢地進行更動才行。

祝大家閱讀愉快！我保證，你與貓咪之間的關係絕對會不同以往。

安娜琳・布魯（Anneleen Bru）
英國南安普敦大學伴侶動物行為諮商學碩士
（University of Southampton, UK）
貓咪行為治療師
Felinova 動物行為諮詢公司

暴走
貓奴再見，
迎接快樂貓奴！

#快樂貓奴
#我愛快樂貓

讓我們開始吧！

你家養著
怎樣的
貓？

「你的家貓和牠的先祖有著
相同的編程。所以請準備好
進行探險囉。」

安娜琳・布魯（Anneleen Bru）

貓咪
背景調查

依舊是……歐洲野貓（*Felis silvestris*）嗎？

透過對 DNA 及行為的廣泛研究，我們了解到家貓是非洲野貓（*Felis sylvestris lybica*）的後裔。我們家貓咪的先祖居住於北非和中東，是有著高度領域意識、獨行且機會主義的獵人，牠們有著花式怪癖以及不尋常的習性。

這種野貓和其他成功的獵食者一樣，發展出了一套特定的交流型態、處理衝突的方式，及狩獵技巧與行為，用以適應各種棲息地（乾草原、大草原、森林、沙漠）、不同處境與環境中的生活。

但非洲野貓本身也有著不足之處。最明顯的一點就是牠們很難與其他貓打交道，這是因為牠們並非以族群的形式演化，加上在這方面的適應力不足所致。這在某部分導致，若身為非洲野貓家族的一員，則對壓力會異常敏感。

最重要的是要知道，由於家貓和其祖先極為相似，牠們共享同樣的本能、需求、偏好及期望，所以不管你的貓是英國短毛貓、藍眼伯曼貓，或是一隻認養來的漂亮貓咪，牠們的基本編程都是一樣的。

家貓的（自我）馴化是近代才有的進程，在這過程中，貓咪漸漸地轉變其部分刻苦且獨行的天性，以換取豐盛的食物。換句話說就是，貓咪在面對其他貓和人類時，都必須採取寬容的態度。儘管個體間還是會有所不同，但這是完全有可能發生的事情。

事實上，如果所有環境因素都達到理想狀態，貓咪還能和其他的貓建立牢固的社會聯繫呢。

非洲野貓履歷表
○ 高領域性動物
○ 獨行獵人
○ 生性害羞，好躲藏
○ 大型捕食者的獵物
○ 僅在交配季節內有社會接觸
○ 可快速適應環境
○ 主要於夜間、黃昏及黎明時分活動
○ 會避免衝突，透過逃跑以保護自己
○ 每天要吃好幾次小型獵物
○ 會獵捕老鼠、鳥類、昆蟲、爬行及兩棲動物
○ 由於其所捕獲的獵物水分含量高，因此不太注重飲水
○ 由於身為弱勢的獨行獵人，即便痛苦也不會輕易表現出來

我們的家貓從其先祖身上所繼承來的性格，通常會以細微且隱約的行為展現出來，這點在人類看來通常很奇怪，因為這些可能已與生存無關的行為，卻仍然被高度地編程下來。

舉例來說：

- 把糞便深埋在貓砂盆中的原因，是因為這個味道可能會引來捕食者
- 出於同樣的原因，會去刨飯碗的旁邊，想把餅乾「埋」起來
- 緊盯敵人
- 把其他陌生貓咪視為敵人
- 每天少量多餐的次數平均約 10~20 次
- 在喝水和使用貓砂盆時，都會覺得自己極度脆弱
- 在面對其他貓咪時，展現出來的社交訊號非常有限
- 彼此之間不存在社會和解行為；在沙漠中，貓會做的只有退避
- 透過釋放費洛蒙來完成某些日常行為，以使自己的棲息地容易辨識
- 容易因為一些改變，以及新奇、陌生的事物而產生壓力
- 想使自己感到安全
- 不會把痛苦明顯地表現出來

從非洲野貓先祖身上繼承來的偏好：

- 用軟沙來上廁所，就像在沙漠那樣
- 站在高處以保持警戒，讓自己感到安全
- 使用柔軟且有延展性的物體來磨爪，例如樹木或樹皮
- 喜歡動態獵物而非靜態獵物
- 喜歡活水而非滯水
- 在面積較大的地方吃飯或喝水，這樣貓鬍才不會碰到任何東西
- 喜歡可以藏身的小角落

「想要了解你的貓，首先要知道，牠與我們所看見、感知、聽見、聞到的世界有多麼不同。」

安娜琳·布魯（Anneleen Bru）

你的貓
如何感知
世界

你的貓和你所見的並不同

貓咪的視力比人類更敏銳，但能見到的顏色卻較少。我們的視網膜上，每四個視桿（感知光與黑暗間的差異，換句話說就是銳度）對上一個視錐（感知色彩）。貓咪則是每二十個視桿對上一個視錐，所以牠們連遠方的細微動作都能捕捉到。這高度提升了牠們的生存能力，且有助於捕捉獵物。

貓能感知到的顏色包括藍色、綠色和些許黃色；至於紅色、粉色、棕色或橘色那樣的色彩，對牠們而言就像是灰色的陰影一樣，且牠們能辨認出的灰色色度比人類更多。因此獵物是什麼顏色對牠們而言一點也不重要。

反之，移動、聲響和氣味等對牠們來講才是至關重要的。對貓咪會起作用的其實是物體或獵物與地面之間的對比度。如果你的地板是淺色的，那麼最好使用深色玩具；如果你的地板是深色的，那麼最好使用淺色玩具。

貓咪的夜視能力相當好，而且需要的光量僅人類的六分之一。牠們的眼球後方有個反射層（脈絡膜層），就連最細微的光線也能反射出來。所以牠們的眼睛還是需要一些光線，在全黑的環境下貓咪是看不見的。

貓咪有輕微的遠視，物體至少要離自己鼻子一公尺遠牠們才能看清。由於無法聚焦在距離 30 公分以內的物體上，所以牠們會用鬍鬚和爪子來測量距離、位置和移動性。這也就是説，有許多飼主拿玩具在貓咪鼻子前擺盪時，所使用的都不是最恰當的方式。貓咪這時幾乎只能看見一個模糊的影像，所以就沒辦法真的去玩那個東西。

有時候飼主就會誤判説自己的貓咪不喜歡玩耍，這樣就很可惜了，因為牠們是喜歡這件事的。貓咪們喜歡隨著離牠們有幾公尺距離的物體移動，因為這能觸發牠們的狩獵本能！

事實──大家有看過 YouTube 上，趁貓咪吃飯的時候，把黃瓜放到牠們後面，害牠們嚇一大跳的影片嗎？身為專業人士，這種影片真的是不堪入目，因為那些黃瓜真的把牠們嚇慘了。我和世界各地的同僚隨即呼籲貓咪飼主們，不管這看起來有多好笑也千萬別做。因為當貓咪們在自己的核心區域（稍後詳談）內安心吃飯的時候，牠們覺得一切應該要在掌控之中。因為牠們無法看清少於一公尺距離的物品，所以這些黃瓜對牠們來講，就像是一聲不響靠近牠們的大型不明物體，隨時會攻擊牠們。這樣你的貓咪可不只是當下會被嚇到，還會認為牠的核心領域不再安全。就會導致貓咪出現恐懼、噴尿和普遍性的焦躁行為。所以請別這樣做！

最近有研究指出，貓咪的視覺在紫外線下很可能仍然可用。這樣一來就很有趣了，大家想一下，貓咪在自己的環境內分泌費洛蒙和氣味踪跡時，通常是以尿液的型態，比如說噴尿這種行為來進行。如果是這樣的話，那動物們所釋放的就不僅是氣味訊號，還會是視覺訊號，這樣便能進一步加強該溝通的效果了。

你聽不見貓咪所聽見的聲音

貓咪的細緻聽力可用來找出獵物。人類依年齡的不同，可聽到 5~20 赫茲間的聲音。而貓咪可聽到的聲音則是在 60 赫茲之上，這是很重要的一點。因為你家周圍那些電子設備作用時所發出的聲音，對我們來說根本聽不見，但對牠們來說卻聽得很清楚。因此在諮詢中，我有時候會請大家把所有裝置的電源拔掉，看看貓咪的行為是否有所改變。這是因為電子雜訊對某些貓而言，有著難以想像的過激影響，這會導致牠們變得沮喪或者受到壓力。雖然貓咪能聽到的波長多於我們，但這並不表示我們聽到的聲音在牠們耳裡變得更強烈，而是說能聽到的頻率範圍更廣。

貓咪不僅能接收到聲音強度，也可以接收到音高和深度。牠們可以確認聲音之間的距離遠近，也能辨別出靠近彼此的聲響。因為對貓咪來說，找出小型獵物及聽出危險是否即將來臨是很重要的事情。

顏色對貓咪而言並不重要

當你走進一般寵物店時，就會被有著各種形狀和顏色的貓咪玩具所淹沒。但其實這些色彩對你的貓來說一點也不重要，主要是要看形狀和玩具的製作原料。此外貓咪也很在意獵物或玩具的氣味、聲音（振動聲、唧唧聲）和動作。所以說漂亮的色澤根本無關緊要，大多時候只是為了吸引人們目光，刺激我們去購買漂亮的玩具而已。就像之前提到的那樣，你要考慮的是貓咪玩具與地面的對比色才是。

貓毛，超敏感

貓咪的毛髮非常敏感，上面有著許多受體，會因觸摸、壓力、動作、疼痛和溫度而起反應。身為獨行獵人，貓與貓之間並不會有太多身體接觸，主要會靠著自身的毛髮和鬍鬚來取得外界環境訊息。

貓咪的毛髮真的異常敏感，因此並非所有貓咪都喜歡我們去擼牠們的毛，或者去撫摸牠們。只要稍微地撫摸、觸碰（太多次），就可能會導致貓咪露出侵略性的信號，比如咬人或者抓人等，這是因為牠們不知道如果想阻止我們，還有什麼比較輕微的信號可用。你也許會想：「但是牠自己朝我走來，不但呼嚕呼嚕叫了幾聲，還用頭碰了碰我，這不就表示希望我摸摸牠嗎。」但請想想，貓咪們會過來是想得到注意力與關愛沒錯，可是這並不代表牠們想被擼毛或撫摸喔。

所以對貓咪而言，牠們並不是天生就能享受被撫摸的感覺，除非在幼年（約 2~7 週大），尤其是還在媽媽懷中喝奶時就習慣了，因為這個行為能產生正向聯繫。我們在本書後面會提到這點。

身為人類，我們認為擁抱和撫摸是很重要的事，因為這是我們用來表達情感的方式。但最好還是要看貓的反應，來調整我們的期待及撫摸方式。先在頭部持續撫摸幾下，隨後停止。這時貓咪是否自己要求更多撫摸呢？有的話你就可以再摸摸牠，但每次最多不要超過 2~3 下。請記住，我們作為人類，自然會更熱切地表達情感。

這時候我們可能會遇到「壞貓咪」模式，現在我們了解到，由於貓咪是個獨行獵人，牠們不會太多種表達「停手」或「夠了」的方式，於是就會迅速切換為很清楚的信號（比如咬、抓或用腳爪拍打），以此來表示你的撫摸已經夠了，那麼這時候你就應該停手了。

貓鬚，遠比你想得還重要

你有沒有認真看過你家貓咪的貓鬚呢？它們的功能不僅在於能讓人很好地了解貓咪的感受，在收集資訊方面也是種重要工具。唇部周圍的貓鬚很細，而愈靠近皮膚則愈粗。

貓咪會用貓鬚來定位離自身一公尺內的獵物，還記得嗎？這是因為在這個範圍內，牠們的視線很模糊。

所以貓鬚是種敏感的觸鬚，可以將相當大量的資訊傳達給大腦。這些肌肉會直接傳遞到大腦去，這樣一來，就算貓咪在短距離的視線模糊，還是能很好地找到獵物的位置，並且對任何細微的動作都能迅速地做出反應。

貓咪也會用貓鬚來查看獵物還有沒有脈搏。此外，透過貓鬚，貓咪可以更輕鬆地嗅到和分泌氣味。

牠們也會用貓鬚來查看獵物還有沒有脈搏。此外，貓鬚還有助於貓咪們去聞嗅及分泌氣味。另一方面來講，牠們也會用這些觸鬚，來查看自己的身形是否能通過某個入口。當牠們想通過一個地點時，如果觸鬚不會觸碰到入口四周，那就表示牠們可以順利通過。這也是為什麼要幫貓咪維持良好體重和體態評分（請搜尋一下這個詞）的原因。畢竟貓咪一旦過胖，就無法用貓鬚來判斷自己到底能不能通過某個地點了。

「世上沒有兩隻一模一樣的貓咪，如果想要讓牠們感到快樂，就必須要牢記這點才行。」

安娜琳・布魯（Anneleen Bru）

貓咪
個體間的
行為差異

貓咪的性格？

貓咪在行為方面有著個體差異，不論我們有多想把貓咪的個性解釋得一清二楚，這都幾乎是不可能的事情。因為所謂「個性」指的是，某生物在不同時間、狀況並受到各種影響之下，表現出固定且持續的行為舉止。

但拿貓咪來講，牠們的行為表現受太多外部因素所影響，所以很難說清一致性的行為。

在判斷你家貓咪的個性時，更有趣的是，看看在相同的情況下，你的上一隻貓和現在這隻貓在行為上有什麼不同，或者是，是什麼因素導致你的貓咪在不同的情況中有不同的行為舉止。

在諮詢的過程中，飼主們經常會說：「我以前養的貓從沒做過這種事情」、「我以前養的貓沒有這種問題」或者「我爸媽養的貓對這種狀況的反應不是這樣」。

所以到底是怎麼一回事呢？在這個章節中，我們將把焦點放在導致貓咪行為的不同影響上！

貓咪性格中的兩大要素

你家貓咪的性格受到兩大要素所決定。並以這兩個要素為基礎，發展出四種可以用來描述貓咪行為的組合。稍後，我們將會談到這兩個要素對貓咪行為所產生的廣泛影響。

與統治有關嗎？不！是自信度才對！

「要素1」是你家貓咪自信心的固有程度，這通常被誤認為是「統治」或者「臣服」。但在貓咪的世界中並不存在統治這件事，牠們天生就是獨行獵人，並不需要固定的階級制度。

貓咪的自信度是天生的，且在程度上有所差異，從非常膽小到非常大膽都有。這種天生的特徵在很大程度上，決定了貓對環境的適應力。

當一隻膽小的貓覺得受到威脅，牠會撤退並躲在高處或安全的地點，比如沙發後面或窗台上。這種有著不安全感類型的貓，在感到壓力時也比較不會噴尿。而是會盡可能地保持安靜，這樣就不會引起任何注意力。

另一方面來講，大膽的貓則比較敢表現出挑釁行為，比如感到害怕或沮喪時，牠們會大打出手並進行攻擊。這類型的貓在感到不適時，反而不會隱藏自己的情緒，而是會開始噴尿。

膽小貓的領域比較小，也比較小心謹慎，因此會降低好奇心，並讓自己比較不顯眼。

大膽貓則更有好奇心，可以說像是在探索的感覺——因此在擁有較大的領域這點上，也可說是合乎邏輯的結果。

早期七週的社會化

「要素 2」則是社會化程度。貓咪的社會化總是與某些事物息息相關，包括牠生命最初始的七週期間所處的環境，以及牠所熟悉的生物。

從科學的角度來看，若要精準定義社會化時期，則是在出生後 2~7 週之間。在此期間，貓咪會學習所有事物，包括某個事物正不正常，和會不會嚇到牠們。

透過處於不同的刺激之下，貓咪們能以無害或非激烈的方式學習到這點，在這種狀況下，動物們有著隨時進行探索的機會，也能按照自己的意願從中脫離。貓咪在六週齡以前並不會自主反應恐懼，也就是說，牠們無法自主察覺到什麼對牠們而言是有威脅的事物。

假設某隻幼貓在農場長大，那麼在成長後，與農場相似的環境就會令牠覺得最自在。

如果某隻貓咪長大的環境中，有一群人積極地幫助貓咪社會化，讓牠們習慣各種來自人類世界的刺激，那麼能讓那隻貓咪感到最舒適的環境，就是充滿人類的地方。

也因為這樣，在貓咪還很年幼時，我們就要開始用牠們未來貓生可能會遇到的事物，去給牠們帶來一些刺激，這包括男性、女性、孩童以及其他聲音、氣味、環境、食物等，當然也要帶著牠們去建立出一些經驗，例如熟悉訪客的到來、去獸醫院做檢查，以及了解各種交通方式。一旦牠們

超過七週大以後，就很難讓牠們學習到「一切安好，請放鬆」這件事。

而貓咪的第二個社會化時期，就在牠們約 8~16 週的時候，這時牠們透過自然斷奶，會學到該如何應付沮喪感，而在居家環境中成長的貓咪則會學到，牠們的每個行為會獲得怎樣的外界反應，也會知道哪些方式有效、哪些則不行。所以，我們建議大家讓幼貓和自己的母親待到至少 12 週大，這樣就能減少牠們在未來，發展出某些不良行為的機會。

所以呢？
因此這兩種因素（自信度及社會化程度）不僅是唯一能解釋貓咪行為的方式，也是了解如何讓貓更加幸福快樂的工具。

舉例來講，根據牠們社會化的程度來為其選擇領養人，並訓練動物逐漸適應新家環境內的事物（如有需要可重複訓練），你就能增加領養成功的機會，並讓貓咪及飼主都成功獲得幸福快樂的生活。你的貓咪所屬的「分類」並非固定且永遠定型的。舉例來說，在適應環境之後，膽小的貓可能也會放開心胸，並變得更有自信。令人難過的是，反過來的狀況也有可能會發生。

但若有足夠的耐心及恰當的訓練技巧，就算貓咪們在幼年時沒有完全社會化，也能良好適應牠們將要居住的環境。

所以在把貓咪帶回家之前，最好要先了解這隻小動物來自哪裡，牠剛出生的幾週期間是待在哪裡，以及牠在哪裡長大。

膽大、良好社會化型

這類貓咪自信感十足，且在身為幼貓時，就社會化以適應現在生活的環境。牠會為了滿足內心的感受而進行探索，由於對一切的瞭解所以不會輕易被嚇到。這類型的貓總是第一個抵達現場，並且可能為了把自己的資源（食物、水、玩具……）留住，敢於威嚇其他貓咪，或者封住通往資源的道路，這取決於他們的社會性格。這種情況下最有可能養出快樂的貓。但如果在同一個屋簷下，居住著其他膽小一些的貓，就不總是那麼理想了。

膽量不足、無良好社會化型

這樣的貓非常膽小，而且很容易受生活環境中的大小事影響。由於有太多牠不熟悉的事物存在，而且牠從來就不知道那些事物的存在是無害的，導致這種貓很容易受到驚嚇。因為總是碰上刺激物，且歷經凶險，所以這類型的貓最受壓力情境所苦。這類貓咪習慣退縮，而結果就是處境依舊沒有半分改變。這樣一來就導致牠們學不到新事物，於是一切都毫無改變。所以，最好把這類型的貓，養在與牠們成長過程相同的環境之下才好。

大膽、
無良好社會化型

這類型的貓很有自信，但卻對其所生活的環境不夠社會化。因此經常被身邊的事物給嚇到，這是因為牠對這些東西並不熟悉，且將它們視作威脅。這些貓咪會透過攻擊、糟糕的行為，或像是抓撓和噴尿這樣清楚的溝通工具，來清楚表示自身的恐懼。這類型的貓咪會逐漸積極地融入環境。由於動物可以在了解自己的處境後做出實際改變，所以牠們這樣大膽的個性，可說是為貓咪處理自身情緒上提供了一個發洩途徑。舉例來講，這些貓咪可能會把敵人趕走，分泌氣味訊息，以增強主張自身領域。這樣的貓會靠近你，並忍受一定時間的撫摸，但牠們很少會坐在你的腿上，大多會躺在你旁邊或附近。

膽量不足、
良好社會化型

這類貓很膽小，但對其所在的環境已良好社會化。牠們不會有太多驚嚇反應，但在探索某事物之前，通常會先從遠距離進行觀察。牠們喜歡和你交流，但對訪客卻會很害羞。核心區域對牠們來說很重要。

影響貓咪行為的事物

除了上述四種組合以外，還有很多可能影響貓咪行為的事物，這都能說明為什麼你的貓會做出某些特定反應，且這反應與鄰居家、或你以前養的貓截然不同。

不過這並非一門精確無誤的科學，加上這些性格或組合也沒有必然性，因此也就不總是適用於各種情況之下的貓。畢竟這通常涉及到各式各樣的影響。

所以別根據這兩種因素，就把你的貓歸類於其中一種分類之下，反之要做的是，把這些因素視為必要的背景資訊，盡可能地去了解為什麼你的貓對你和其他貓咪會表現、或者不表現出某種行為。這會讓你擁有更多的理解與諒解。

遺傳背景影響
我們從科學研究中了解到，貓咪的自信度會受貓爸爸的性格影響。有許多研究表示，大膽的貓爸所生出的小貓，也會更大膽，且更快適應所在環境，進而變得更加友善。

胎兒期影響
如果貓媽媽在孕期間承受著壓力，會導致血液中的壓力荷爾蒙較高，容易生出反應較大的幼貓。

這類型的幼貓會更快速地對焦慮做出反應，且經常將事物看作威脅。這也在意料之中，畢竟牠們出生於壓力與危險之下，當然必須迅速且有效地去應對威脅。

毛色影響

我們過去曾認為貓咪的毛色與其行為有所關聯。擁有淡黃色或赤黃色毛髮的貓咪，會更有攻擊性，且對陌生人的容忍度較低，也比較喜怒無常。

同時，現有的科學研究也受到質疑，目前並沒有可靠的科學研究指出，特定毛色的貓咪一定就會有特定的性格。

在進一步研究了各個飼主對於不同毛色貓咪性格的感覺後，發現到不同毛色（白色、黑色、雙色、三色和赤黃色）與性格之間有所關聯，包括親疏、友善度、脾氣差、冷靜、膽小等。當然，這只跟貓主人的看法有關，與貓本身並沒有實際關係。

不管怎麼說，毛色在諸多對貓咪行為可能的影響中，只占其中一小部分。我們不應該花太多時間在探討這點上面。

品種影響

貓的品種不僅根據形態學或外部特徵來判斷，還可以根據
牠們的特定舉止來區分。雖然我們沒有明確的科學證據支
持，但其中肯定有著特定連結。

也因為這樣，孟加拉貓應該要精力旺盛。而像暹羅貓或峇
里貓這樣的東方品種，則應該要活潑、多話、愛社交，且
很可能會有異食癖（食用如布料這樣的不可食用物品）。
布偶貓應該要有溫馴可愛的特點，就像真的布偶那樣。伯
曼貓則是更加獨立，卻又善於交際。至於俄羅斯藍貓，則
應該更為膽小，波斯貓則是更容易有行為問題。當然了，
身為一名治療師，我們會將此納入考量，但這絕非特定行
為或問題的絕對原因或成因。另一方面來講，極端繁殖出
的品種身上會出現一些物理後果，這就會影響到貓咪的健
康福祉問題。比如曼赤肯貓在跳躍方面不太流暢，而波斯
貓則是有呼吸不順的情況。所以說原始天然的設計還是最
棒的！

因此，用不同的態度來對待純種貓與普通家貓並不是好做
法。不論你的貓是有白色貓毛、藍眼睛、虎斑皮毛、扁平
鼻、特殊紋路，或者其他任何花紋，所有貓咪都有著同樣
的編程、需求及天性。

舉例來說，因為純種貓的購買價比較高，大家會害怕牠們
被偷走、也怕牠們的貓咪技巧不足以在戶外生活中存活，
就覺得只要把牠們養在公寓，貓咪就不會發生任何問題。
這簡直就是大錯特錯的想法。純種貓是不太了解外界沒錯，

但牠們卻跟任何一隻普通的街貓或收容所貓一樣，對於探索、狩獵和攀爬有著同樣的需求。

環境影響

貓咪所居住的環境會大大影響牠們的行為。也因此，貓咪對環境很有依賴感！這也是為什麼要儘量常把貓咪們留在家中。把貓咪放到不同地點不僅會對牠們造成壓力，更因為多種環境（聲音、氣味、新事物等）影響，會引發牠們做出與在自己信任的環境中不同的行為。

而此環境是否充分符合貓咪所需及其自然天性，也會影響貓咪對人類和其他貓咪所展現的行為。貓咪能否擁有包容的態度或者是否能感到安全，這取決於環境內的進食區域、飲水資源、貓砂盆、躲藏區域、磨爪區域、狩獵機會及食物豐盛度等。

我們知道，就貓咪而論，最大的壓力因素並非威脅是否存在，而是在其環境中，貓咪處理潛在威脅時所擁有的選項。比如貓咪能不能退回安全地帶獨處呢？牠們所需的資源（食物、飲用物、貓砂盆等）是否可預測並可自由使用？貓咪是個十足的機會主義者，喜歡將一切掌握在手中！

如果貓咪們擁有完整的選擇權，並能針對危險來選擇自己在哪裡可以感到安全，那普遍來講牠們的感覺就會比較好。也因此，資源補給、處理壓力的工具，以及環境的豐富性，都會成為決定性要素，影響著貓咪日常行為、幸福感和面對其他貓咪與人類時的處境。

個別喜好影響

你的貓咪不僅有著與生俱來，像是自信度這樣的個性，也會在出生後，因社會化程度而發展出自己的個別喜好。

這些喜好展現的範圍，包括資源位置、受何種獵物氣息所刺激、喜歡被撫摸哪裡、更喜歡親近哪種聲音和人類、喜歡在哪裡睡覺，或者是喜歡坐在地板還是高處等。

這些個別喜好在貓的一生中都會有所變動，這也是為什麼本書將會提到，在貓咪生活環境中打造出「超級市場」的原因，這樣你的貓咪即便有著個別喜好，也能自己做出選擇與決定。

習得行為影響

任何動物從出生到死亡都在學習。比如每天牠都能學到，環境中的某個訊號代表的是好事還是壞事。動物物種的智商與此息息相關；也就是說，動物們在自身環境中，能多快地去建立連結。貓咪也是如此。牠們每天都在了解什麼樣的行為會帶來怎樣的結果。

如前所述，貓咪們都是機會主義者，且會善用每個機會（最好不用花太多努力）去取得對牠們而言重要的事物，比如食物、關注、與外界的接觸、可探索的新事物等。

這種懂得抓住機會的行為模式，讓貓咪成為極其狡猾且聰明的動物，牠們能精準知道在哪個位置、哪個人、一天中的哪個時間點、哪種狀況、哪個房間、哪種活動，甚至在主人處於哪種心情時，能得到自己想要的東西。

貓咪們一天到晚會到處走來走去，觀察自己的棲息地，並將我們視為該棲息地的擁有者。牠們會知道當你在床上做出某個動作時，就表示你即將起床，知道鬧鐘響起就代表你會起床準備餵牠們吃飯，也知道電話響了的時候，牠們就得不到關注了。

有一點要注意的是，你的貓咪非常聰明，如果你願意的話，可以教導牠們許多新事物。大家通常會以為自己無法教會貓咪任何事情，並認為：「牠們沒有狗狗那麼聰明。」但是貓咪的聰明度可是與狗狗相仿的呢。只不過牠們更難被激勵罷了。

這一點對我們來講很重要，因為這表示我們有十足的能力，去改變貓咪的不良行為。因為貓咪持續習得（新）事物。牠們不會忘記過去發生的事情，但卻每天都在創造新的連結。

因此，貓咪的行為並不僅取決於某特定時間所發生的狀況，過去發生的可參照情況，以及貓咪當時以什麼方式成功處理，都對其有所影響。

事實——世上沒有「壞」貓咪。有時當貓咪做出所謂「不良行為」時，通常是因為過去牠們學到，用其他清晰的溝通模式或壓力訊號無法達到任何目的。先前，牠們發現用隱約的方式，針對某件不對的事情進行溝通無效，因為牠們身邊的人類或其他貓咪沒看到，或者看不懂這些訊號。所以現在牠們才會馬上切換到最清楚，且牠們覺得最有可能成功的策略。這就是為什麼有些貓咪會立刻咬人或進行攻擊，而不是先發出哈氣聲或拱背。

情緒與
動機

情緒與動機

貓咪做的事情背後都有著充分的理由。事情就是這樣。當你的貓咪做某件事時，也許你會想説：「為什麼牠會這樣做？」

不管怎樣，貓咪會去做一件事情，就是因為對牠們而言很有邏輯，而且大多與我們無關，反而與牠們的「處世」方法有關。

除了自信度、社會化及行為影響以外，貓咪的內在情感生活，也會影響牠們的日常行為。這也會展現在其動機（貓咪想要什麼）與情緒（相關動力）上。

要更進一步了解驅使貓咪做出某件事的原因，要看兩個重要的部分：

動機

貓咪天生對壓力就很敏感，但為什麼要儘量讓貓咪處於無壓力或極小壓力的狀態呢？什麼動作在背後驅使著貓咪，而牠們又會對環境中的哪些因素做出回應呢？

我們認為，所有動物受下列五種原因影響，從而展現出特定行為：

1. 食物

沒有食物，貓咪就活不下去。因此食物會是其行為背後最重要的動力。遵循自然模式，貓咪天生偏好在安全的地點進食，但為了取得食物，牠們卻也願意把自己置於不安全的處境中。要是情況不理想的話，這些偏好也會有所改變。食物至上！

2. 安全感

身為一名孤獨獵人，對貓咪而言重要的是使自己安全，並隨時準備好對付環境中潛藏的危險源。畢竟危險的大型或未知捕食者總是潛伏在四周。

3. 繁育

貓咪跟所有動物一樣都很積極地生育後代，這也解釋了牠們在交流、閒晃和侵略時的大多數行為。但這些動機對我們而言比較沒那麼重要，因為我們大多會把自家貓咪結紮。但儘管結紮了，貓咪仍會對其他未結紮的貓咪及其溝通訊號表現出反應。

4. 獲得美好事物

貓會想要得到一些在生活中，對於生存來講不重要的美好事物，比如關注、零食、戶外通道、玩具等。

5. 避免不愉快的事物

貓咪們會想避免不愉快的事情，就算這件事無關生命威脅，比如無法出外、得不到零食或關注、主人沒有準時起床等。

情緒

所有動物都有自己的基本情緒，這會驅使動物們去取得上述生活所需資源。在產生某種情緒時，就會驅動內在系統去採取特定行動。因此，如果我們想要分析行為，關鍵就在於了解基本情緒。好讓我們能清楚知道解決問題行為的潛在方式。

拿攻擊行為來說，這可能是因恐懼、焦慮、沮喪或愉悅等不同的情緒所導致。如果要處理攻擊行為的問題，就需要將這些情緒各個擊破。

雖然我們無法完全了解動物身上的情緒，但接下來我們要談到貓咪會出現的一些強烈基本情緒，這都會影響特定行為在將來發生的次數增加或減少。

這些基本情緒（如恐懼、沮喪、愉悅、舒緩）是貓咪行為的主要根源。換句話說，就是貓咪在某件事情發生當下或發生後，立即感受到的情緒。而牠們也會經歷一種「預期性」的情緒，比方焦慮和期望等，這是指動物們在環境中觀察到某些信號時，所產生的感覺。牠們先是會覺得接下來有某些狀況將發生，而基於過往經驗使然，牠們就會產生對應的基本情緒。在這樣的狀況之下，即便沒有真的受到威脅，牠們也有可能會感到焦慮或者出現預期心理。這些情緒可以非常強烈或極其輕微，這取決於牠們的過往經歷。

1. 恐懼

當你面前站著一隻大型捕食者時會產生的情緒。這種情緒會引發如逃跑、戰鬥、晃動或僵在原地等反應以擺脫刺激物。

2. 沮喪

當世界不如你所預料般運行時，你就會有這種感覺。這是種極其強烈的情緒，為了要停止這種感受，會激起一連串的反應。

3. 焦慮

依過往的經驗告訴你，某件事情就快發生，且可能導致你感到沮喪或恐懼時，你就會有這種感覺。即便在缺乏有效壓力因素的情況下，這種感覺通常還是會很強烈，就像它真的存在一樣。焦慮是貓咪身上不可忽略的問題。當焦慮情緒存在時，不僅要消除壓力因素，還要針對環境中，曾有過預期壓力因素的所有訊號，創造出新的正向連結。

4. 愉悅

在你得到某個事物，而你因此擁有身體及心理的良好感受時，就會得到這種感覺。這是你要追尋的事物，且與此情緒有關的行為亦會增加。

5. 舒緩

在你想辦法避免了不愉快的事物後，就會有這種感覺。這類型的行為也會增加。

6. 期待

在你期望好事發生，而仍未實際發生時，你會擁有的感覺。對貓咪而言，就是想著打開廚房的門，就能吃到貓罐罐。

在看見或聞到食物之前，貓咪就先開始磨蹭你的腿。在廚房門開啟後，貓就感受到相似的愉悅感，只因為過去可靠經驗讓牠知道有好東西可吃。也就是説，廚房的開門聲和 /或開門動作觸發了相似感受。

這些情緒不僅作用於物種層次（主要情緒），也在個體層次（次要情緒）上發生。雖然貓咪一般對自己所在的環境有著特定期望，但貓咪個別也會因為自身偏好及其認為有價值的結果，而有著特定期待。

了解
貓咪
的行為

「貓咪的思想並不複雜，
所以很簡單就能讀懂牠們
的行為。但要是用人類的
角度去解釋的話，那可就
會出錯了。」

安娜琳·布魯（Anneleen Bru）

解讀
貓咪行為

了解貓咪的行為

要了解自己的貓咪從來就不是那麼簡單的事。我們已經習慣以自身的交流型態、人類行為、習慣及複雜思考能力為觀點,去解讀牠們的行為。這種原理叫做擬人論,若將其用來觀察貓咪行為則會導致誤解和挫敗,因此必須避免這麼做。

貓咪無法進行複雜思考。所以過去和未來並不在牠們的考量範圍中,貓咪也無法想像當下事件以外的情況,尤其是那些牠們未曾經歷過的。貓咪就只活在當下。

只不過,貓奴們時常會把自家貓咪的行為解釋成忌妒、調皮、懶惰、生氣或受挫等人類情緒。我們至今仍無法證明,貓咪擁有這種複雜且與時間相關的感受。

識別行為類型

「行為」本身是個模糊的詞語，涵蓋了許多不同的意義，也包括了一隻貓咪可能展現出的所有行為形式。但是，這其中有些行為形式，與貓咪生活環境中的特定觸發感知有關，這指的是貓咪用其感官所察覺到的事物。而其他行為，則是因應這些感知所出現的結果反應。

貓咪的反應取決於一大堆可能的影響。因此，先細分這些影響是很重要的事情。

1. 受外部刺激
觸發貓咪的是什麼呢？對貓咪而言什麼是珍貴的？再者說，在物種及個體層面來說，是什麼影響著牠呢？

2. 透過感官進行感知
貓咪如何感知世界？牠們看到、聽到、聞到及感覺到什麼？牠們是用身體的哪一個部位來做這件事？

3. 訊息處理
外部刺激會傳遍受各種因素所影響的內部處理系統，這些因素包括本能、動機、情緒、性格特徵和過往經驗

4. 反應行為
貓咪只能對其力所能及的部分做出反應，而且牠們的行為會清楚地展現出牠們對事物的感覺。

「養出快樂貓的關鍵，就
在於讓貓咪能在自己的地
盤上自主做出選擇。」

安娜琳・布魯（Anneleen Bru）

貓咪
的地盤

「地盤」分析

貓咪的地盤由三大區域組成。在接下來的內容中,將以圓圈圖表清晰劃分出來,但在實際的情況中,貓咪的地盤由許多小區域、地點和通道組成,並共同形成了這三個區域。

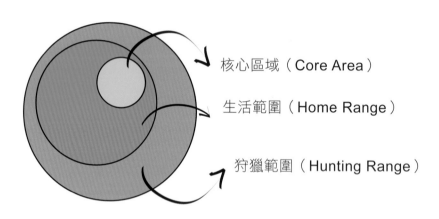

核心區域（Core Area）

生活範圍（Home Range）

狩獵範圍（Hunting Range）

為了要恰當且清楚地概述,我們就從每隻貓都有權擁有自己的地盤這點開始吧。這個地盤由三個區域組成,且不需要和其他生物分享。在其中,貓咪可以根據自己的本能來行動,舉止上也會很自在,還能釋放能量並使自己感到安全。

對貓咪而言,牠們是有可能自願與其他貓咪分享自身地盤的,但這其中彈性頗大,要看環境而定,且大多僅願意與和牠們很合得來的貓咪相處。

貓咪的地盤由三個部分組成：一個小型核心區域、一個生活範圍，以及一個狩獵範圍。

這有著很大的彈性，而且會隨著貓咪的選擇和喜好不時改變（包括地盤大小及組成的區域）；貓咪在哪裡可獲得安全感、在哪裡可以找到獵物、在哪裡感覺舒適、在哪裡可以找到好玩或有趣的事物？

其他因素則包括貓咪的性狀態（絕育與否）、自信程度、過去學到的行為、其他貓咪存在與否，以及家中其他貓咪的關係等。

貓咪們主要會在這裡做些什麼？

核心區域	生活範圍	狩獵範圍	
·			和群體成員分享
·			安心吃飯
·			安心喝水
·			安心睡覺
	·		喝水
	·		使用貓砂盆
	·		維持固定移動路線
	·		透過磨蹭來進行交流
		·	透過抓撓來進行交流
		·	透過噴尿來進行交流
·	·	·	時間輪用

事實——用這個方式來理解地盤的話，也能解釋許多行為。比如，你對下列想法的看法如何呢？

> 貓咪喜歡在核心區域中內，自己覺得安全的地方吃掉獵物。這就是為什麼牠們會把獵物帶回家的原因。
當然，貓咪不會老是想著要把獵物吃掉，因為牠們被餵了很多美味的餅乾和貓罐罐。但就表示那是禮物嗎？也不盡然……

> 「地盤」充滿彈性，而且不時就會改變。你有沒有看過自己的貓在同一個地方睡了好幾個月，突然卻不再使用那個地方了呢？那樣的改變，就代表其核心區域內偏好 (由於許多不同的原因) 的轉換，這是很正常的事情！

值得注意的一點是，貓咪會在狩獵範圍內進行「時間輪用」。牠們會透過氣味與其他貓咪交流，以分配特定時間內的區域權，在不用和對方碰面的情況下，盡可能有效地使用某區域。

「你可以在早上使用這一小塊區域，而晚上就是我的」、「早上我擁有這一小塊區域，晚上就換你」的方式很有效，尤其是當貓咪們被迫使用較小的區域時更是如此，比如在都市環境中就是這樣。

請根據自己的居住地和生活方式，就貓咪地盤的原範圍進行調整。

假設你住在大房子裡，那麼核心區域和部分生活範圍可能會在房子裡，其他的則在屋外。

不過如果你住在公寓裡面，而且貓咪又不能出門的話，那麼所有的區域都會被限制在家中。在這種情況下，最好的做法是模擬貓咪地盤的所有部分，並且使公寓內各區域豐富起來。當然不是一次全部做到位，而是説在適當且適合的位置進行調整。舉例來説，要讓貓咪能夠取得食物，以及進行狩獵、玩耍、磨爪、攀爬等行為。

實際練習——畫出你家的樓層平面圖，再複印兩份影本。在第一份藍圖上，標出貓咪可用的所有資源。在第二份藍圖上，標出貓咪經常出現、經常進行某行為（睡覺、吃飯、狩獵）的地點。而在第三份藍圖上，則標出你能進行調整的位置，進一步劃分並豐富貓咪的三個區域。之後，在 6 週內逐步增加額外資源來實踐這些調整，看看貓咪的地盤是否有所不同。

「貓的獨行有其必要性，
但這不阻礙牠們愛上社交。」

安娜琳・布魯（Anneleen Bru）

社交
與獨行行為

社交或獨行？

我們直接敞開來說吧：貓咪不是社交者，也不是全然的獨行俠。因為貓咪會去適應自身所處的處境。重要因素包括其他貓咪的行為、貓咪在幼年期及成年期的過往經驗、貓咪的本質（善社交——反社交），以及環境中的可用資源。

貓咪經過數千年的時間，演變成了一名獨行獵人，但如果讓牠選擇的話，牠也不一定總是喜歡獨自生活。在貧瘠的大草原上，沒有充足的食物供應貓群，所以貓咪只會捕食小型獵物。

因此，貓咪不需要為了生存而擁有固定階級制的社交團體。貓咪在野外唯一需要聚集的時候，就是交配季節和母貓孕期間。如果資源過少，當然貓咪就會先為自己著想。

那麼這是否就表示貓咪其實喜歡社交，也喜歡身邊圍繞著許多其他貓咪呢？不，絕對不是這樣。貓咪還是擁有自身的個別性格，且受到天性、社會化時期（出生後 16 週內）影響，取決於在此期間，貓咪是否學習到在特定情況下使用的社交訊號。

最重要的一點是，貓咪之間（和人類一樣）存在著相互關係。貓咪之間有時候會有化學反應，有時候卻沒有。貓咪與其他貓咪相處的過往經驗，影響著牠們之間的相互關係。

貓咪不是
獨行的動物；
牠們是獨行的獵人。

請別因為你的貓咪和上一隻貓相處得好，就推測牠們和其他貓咪就能好好相處。這種不切實際的期待，可是導致家中氣氛緊張的導火線。

注意！

想讓貓咪容忍彼此，首先絕對必須的是，一個良好且循序漸進的相互介紹，再來是在家中供應充分的主要資源，比如用餐地點和躲藏地點。從理論和我的實踐經驗來看，這兩個基本要求，是讓貓咪對彼此採取寬容態度的必備事項。

就算你的貓誕生在社交環境中且良好適應社會，彼此間也有化學反應，可是如果貓咪的資源不足，導致牠們無法在互不阻礙的情況下做自己的事，那麼這些就都會被推翻。

家中的社交團體

貓咪可以在家中建立社交團體。這些團體由處得來、一起睡覺、玩耍、幫彼此清潔，且幾乎從不對彼此發出哈氣聲的貓咪所組成。

這些貓咪會共享部分生活範圍，或者至少對範圍的普遍使用上，抱持著包容的態度。對所有獨行的貓咪來說，核心區域很神聖，且偏向不彼此共享。

了解貓咪的行為

實際練習——在下方表單中列出你家貓咪們的名字，寫出家中社交團體的大略模樣：

一起玩耍 ....

幫對方清潔 ....

經常互相磨蹭 ....

整天去找對方 ....

彼此靠很近睡覺（<25 公分） ....

盯著對方 ....

朝對方低鳴或發出哈氣聲 ....

遠離其他貓 ....

愛追逐其他貓 ....

和對方起爭執 ....

小訣竅——我們採納的標準是，在距離 10 英寸（25 公分）的距離內，彼此面對面睡覺。不是說只要兩隻貓都在同一張床上睡覺，就一定表示牠們是相同社交團體的一員。也有可能是因為，牠們出於某種動機才在那邊躺一下並容忍對方。請觀察牠們之間的距離，以及牠們是別過臉或面對面。

鮑文（Bowen）和希思（Heath）針對貓咪間的社交關係或社交團體建立出相當完整的概述：

一對	一對貓咪，通常同窩出生，對彼此會展現出友善的行為。
派系 / 陣營	三隻或更多貓咪組成，對彼此會展現出友善的行為，但可能會對家中的其他貓咪展現出攻擊性。
社交引導者	這些貓咪可以針對多個社交團體中（無法融入）的貓咪，展現或接收友善訊號，並透過這種方式在貓群間散發出共同團體氣息。
衛星個體	這些貓咪幾乎無法從家中其他貓咪身上，收到或展示任何友善訊號。牠們比較獨行，有時候會覺得自己和其他貓咪處於輕度侵略的處境中。
暴君貓咪	這些貓咪不願意和其他貓咪共同生活，且會故意趕跑其他貓咪以保護資源。

資料來源：Bowen, J., & Heath, S. (2005). Behaviour problems in small animals: practical advice for the veterinary team. Philadelphia, Pa: Elsevier Saunders. p. 198

貓與貓之間的統治關係？

貓之間並沒有所謂統治存在。

或者更準確地説，目前沒有決定性的科學證據能指出，在貓咪之間存在著統治關係這樣的東西。畢竟像貓咪這樣的獨行獵人，怎麼會需要固定且階級分明的團體結構呢？

請想想看，動物既有的啄食順序（pecking order）*因地盤和社交關係而有著高彈性，但要説這完全取決於環境中的可用資源嗎？那就沒道理了，對吧？

我們之前也提過，飼主經常把自信和動機這樣的基本性格與統治關係搞混。

「賈斯珀總是最先到場。牠都是最先吃飯的貓，其他的貓都很怕牠。牠就像老大一樣。」這裡針對貓咪自信感、突出表現的描述是正確的，但不應該帶入「老大」這樣的標籤。

賈斯珀是一隻有自信的貓，牠對特定資源非常積極。有自信的貓更容易快速表現許多行為，以取得某些東西，而較膽小的貓則比較容易猶豫。所以你就能問自己：「為什麼我家有隻貓每次都這樣做？」這通常是因為資源缺乏所造成的領域行為；現有的資源過少，不足以滿足所有貓咪的個別需求。當然，這就會引發緊張和恐懼感了。

---

* 譯注：群居動物透過爭鬥取得社群地位、階級區分的現象。

貓咪的群落

我們在野外可以觀察到貓咪自主形成了群體。通常主要會有幾組有著關係的母貓聚在一起，分擔照顧彼此貓孩子的責任。牠們經常會對彼此表現出非常友善的行為，並照顧彼此的孩子。

這些美麗群體存在的大秘密，也就是資源量充足的展現；有著足夠的食物、進食地點和躲藏地點。如果無法達成這些條件的話，群組就會散開來，且每個成員就會按自己的方式行事。

這種家族性且母系的社群模式，和我們把貓養在一起有很大的差異。人們通常會把沒有關係的公貓和母貓養在一起。而我們的貓已經絕育了，因此交配季節也就不會發生等諸如此類。所以說，我們要特別去注意那些必要的基本條件，並預防出現不足的現象。

只要在環境中放置了充足的資源，貓咪們被放置在這個位置時，就能夠忍受旁邊有同類的存在。

了解貓咪的行為

雖然貓是能和其他貓咪來往沒錯，但我們還是要考慮到一個很大的隱憂。如本書開頭所述，貓咪在展現社交訊號上有很大的限制，這是因為在牠們的演化史中，從來就不需要依靠群聚而存活。

牠們沒有所謂的和解行為。這就像是：「要不就滾，要不就來打一架！」貓咪們不會道歉，牠們無法表示歉意，也不會在衝突後進行和解，更沒有相關的情緒。

原則上，請勿讓貓咪有機會「打出勝負」。這不代表只要看到貓咪偶爾對彼此發出低鳴或哈氣聲，你就開始驚慌失措。這完全就是正常的貓咪行為。能知道結果也不錯。在某隻貓發出哈氣聲後，另一隻貓離開或躲開來了嗎？這樣任務就達成了。因為貓咪發出哈氣聲，就是想要達到這個目的。

如果貓咪（或小貓）無視哈氣聲或低鳴聲，且繼續做自己的事情，或是不離開、不躲開的話，身為主人的你就應該要安全地進行干涉，透過建立視覺屏障，引導貓咪離開。否則你的貓咪可能會覺得自己的防禦行為無效，這時諸如恐懼和焦慮這類的壓力和情緒就會增加，導致像是攻擊和噴尿這樣的問題行為加重或惡化。

介紹貓咪認識彼此

在貓咪第一次見到彼此時，牠們很直接就變成敵人；那就是牠們的天性。這是因為，牠們不想讓自己暴露於被其他貓咪傷害的風險之下。所以說，我們要給貓咪一點時間和空間去「學習」，了解其他貓咪不會對牠們造成威脅。而牠們無法自己「學會」這點。

預備

首先，務必提前兩週先把家中資源增加為兩倍。這樣貓咪會重新分配自己的生活範圍，因為這要在牠們有著許多選項和選擇時才能做到。再者，請將資源完好地分布在整個家中。

登場

把你的新貓咪單獨放在資源完善的地點。請先讓新貓咪安頓下來，習慣新的生活環境。請觀察牠的行為，確保牠能好好待在這個房間後，再讓牠去房子中的其他位置。以那個空間作為牠的基地，讓牠在沒有別隻貓存在的情況下，去探索房子內的其他角落。

管理

在正式介紹前，重要的是別讓貓咪意識到有別隻貓咪存在。比如說，別讓牠們透過玻璃門或窗戶看到對方。雖然牠們可能會聽到或聞到對方；你也沒什麼辦法能阻止這點。但很關鍵的是，要等到貓咪對聲音或氣味不再表現出壓力反應後，才進行介紹。光這點可能就要花好幾個禮拜了。

介紹

在兩隻貓咪都很開心的時候，你就可以開始進行介紹程序了。請仔細地按步驟一步步來，良好的介紹是讓貓咪成為好友的基礎關鍵。

首先我們要做的是氣味交流，用沾有其他貓咪味道的布就能做到這點，你可以直接把這塊布放在貓咪喜愛的睡眠地點，或者是把布拿來擦擦貓咪的身體也行。

這麼一來，你就能透過創造積極正向的連結，訓練貓咪們去喜歡上彼此了。選擇連接兩個空間的門，這時兩隻貓都在各自熟悉的環境中，所以就能安心吃飯。理想的狀態是兩隻貓咪對這兩個空間都很熟悉。這樣就能預防說，有隻貓突然對另一隻貓咪環境中的事物感興趣。

替兩隻貓咪找到牠們各自喜歡的零食。有可能會是貓罐罐、新鮮肉品、貓咪零食或飲品，比如貓咪牛奶。我們的目標是盡可能別讓兩隻貓咪靠太近吃飯。否則只會造成反效果而已。

在介紹的過程中，你要做的就是在美味食物和另一隻貓咪之間，建立出一種正向連結。

這樣你的貓咪就會開始想說，另一隻貓咪很會找美味食物。這種方式讓你能有效地改變貓咪將其他貓視為威脅的過往經驗。

在這個介紹過程中,你要花時間慢慢來才行,同時也要抓準對的時機。時間點在這個過程中超級重要!

你的貓咪和另一隻貓咪的接觸(看到或聽到),必須作為用餐開始與結束之間的「三明治」。

這個意思是說,貓咪在相對的兩邊安靜吃飯,而中間的門是關上的,這時你才能悄悄打開那扇門。不要在這時機之前這麼做!開啟的時間也別太久!在貓咪快吃完盤中的食物時,就再次把門關上。若沒有美味食物存在時,請勿讓雙方接觸彼此。

在每次進行訓練時,逐步增加牠們接觸的程度,讓門開得更大,並後退幾步。比如說,一開始只把門打開半英寸,再來一英寸、兩英寸、三英寸這樣增加。這裡最好在門口放置某樣物品以防止身體接觸,如安全門欄或利用線網自製圍欄。每次兩隻貓咪都要保持冷靜才行。所以請注意兩隻貓咪身上是否存在隱約的壓力訊號。如果牠們都沒事的話,下次進行時,你就能將門再多開幾英寸。

你也可以調整兩隻貓咪的位置。有時候讓牠們能遠遠看到對方;遠到不太知道另一隻貓在那邊。有時候你也能讓一隻貓坐在門後,而把另一隻貓咪放在其視線範圍內。

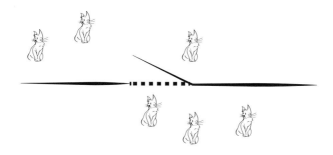

一天進行一到兩次這種訓練。每次訓練最好只持續幾分鐘就好。剩下的時間要完完全全讓貓咪遠離彼此，各自生活，就好像對彼此而言，沒另一隻貓存在那樣。

要讓兩隻貓咪發展出良好且正向的連結，唯一的方式，就是在訓練過程中讓牠們完整地接觸彼此，並且同時都能各自享受到美味食物。萬一貓在訓練時間以外碰見了，在不受控制的情況下，牠們之間可能會本能地產生負面連結。這樣一來，訓練課程就很難取得成果了。所以務必要避免貓咪透過玻璃門或在其他情況下看到彼此。

如果其中一隻貓咪不太受食物所鼓勵，那你可以使用其他「主要」誘導物。換句話說，就是能激起和分散貓咪注意的東西，比如纈草 (valerian) 袋或晃動的玩具。讓人遺憾的是，要想真正激勵你的貓咪，「撫摸」並非總是行得通，但它也許能夠安撫貓咪，確保一切都很好。只有在當你有一段非常堅固的關係，並且你確定貓咪對你的安撫持有正向反應時，才能這麼做。

在訓練過程經過 2~3 星期，而且做到把門完全打開的程度後，你就能開始建立持久度了。也就是說，在貓咪吃完飯後，把門開著的時間逐漸拉長。這同樣也能套用在誘導物上，比如零食、纈草或其他貓草玩具、逗貓棒等。

你也能逐漸增強這個步驟。進展順利的話，可以在沒有趣味誘導物的情況下漸漸增加幾秒的時間，但要保持注意。這能教會貓咪，在沒有好玩的東西時要怎麼跟對方共處。

當貓咪開始嗅聞對方的氣味時，時機就到了。如果牠們向對方發出哈氣聲，那是很正常的事情。牠們是在說：「嗨，別傷害我！」下次請退一步，以確保該過程對其中一隻貓咪來說不會太快。

讓牠們持續這個狀態幾秒鐘，接著迅速拿出有趣的誘導物。

持續反覆這個過程，直到你發現牠們會去尋找對方，並對彼此的存在感到舒適為止。

在這個階段，你可以逐漸增加「和平共處訓練」的時間。一開始是半分鐘、接著是一分鐘、數分鐘、十分鐘至十五分鐘這樣增加，直到讓門開著也沒問題為止。

在那之後，只有你不在家的時候才要把牠們分開來，在你很確定牠們彼此喜歡，或至少能夠寬裕地容忍對方之前都務必這麼做。

上述介紹牠們彼此認識的過程，也許不是最簡單的方式，但卻是能將貓咪間發展出負面關係的機會減到最小的理想方法。

遺憾的是，這並非精準的科學，但還是能從這一步著手並稍微調整，在整個過程中，請隨時注意兩隻貓咪之間的微弱壓力訊號。

了解
貓咪
的語言

在貓咪的行為學 (ethology) 中若要談到「交流」，其重點在於有效訊號，也就是貓咪向自身、其他貓咪，以及向我們傳達的訊號。

在實際的狀況裡，我們發現當飼主們誤解自家貓咪的訊號時，經常會感到沮喪和疑惑。這是因為主人習慣從自己的觀點，也就是用人類交流的模式來解釋貓咪的行為。

這就是為什麼在本章節中，我們想把重點放在貓咪所傳達的關鍵訊號，以及這些訊號是什麼樣子。這類訊號會向貓咪所處環境發出訊息，同時也傳達貓咪的感受。

透過學會觀察貓咪訊號類別，了解如何更好地去理解和「讀懂」牠們，我們就能正確地回應。比如説，我們可以調整環境或我們自身的行為，也能選擇以貓咪所了解的方式去和牠們相處，以此增進彼此之間的關係。

以自身的行為去影響貓咪

我們對貓咪行為所做出的回應，會影響牠們的整體幸福感。當然，這要你能真正讀懂訊號，並真正了解牠的行為才行。

以下是一些基本規則，根據貓奴們的說法，要照做並不容易，但卻可能可以對你的貓咪產生正面影響。

○ 如果你的貓咪已經覺得有壓力了，至少別導致情況變得更糟糕。
○ 我們不要去鼓勵不良行為。
○ 貓咪獨處時會感到更安全。
　這意思是說，在貓咪感覺不好的時候，比較不希望被安慰。貓咪始終是獨行獵人，如果牠們處於非最佳狀態時，就會想要獨處。除非貓咪尋求你的安撫，在這種情況下就請依據牠的要求給予回應。

你能如何利用本章節中的資訊呢？你將了解貓咪的語言、讀懂牠的心情，並用正確的方式去回應！

在觀察特定事件時，能對你家貓咪的行為產生正面影響的黃金守則：

1. 請無視任意形式的不悅行為和壓力訊號（不論是清晰或微弱的信號皆然）。同時也想一想你能如何改變環境，以避免你的貓咪有這種感覺。改變一切你能更動的事物。

2. 把貓咪喜歡的東西作為獎勵送給牠，以鼓勵快樂行為，比如給牠吃零食或陪牠玩。貓生來無法享受被撫摸的感覺（因為貓毛很敏感），所以這通常不能當作是鼓勵牠表現良好的好方法。

3. 你的貓咪容易覺得害怕是性格使然嗎？透過給予零食或變出個玩具給牠，來鼓勵貓咪做出正向的行為。請確保貓咪不知道你在做這件事，讓牠專注於零食或玩具上。只要牠表現出更快樂的行為，就可以給牠一些愛的關注了。透過實施這套方法，你將在幾週之內看到貓咪的行為變得更有自信。貓咪會漸漸地擁有安全感，也就會更加快樂了。

「貓鬚和貓尾巴能讓你
了解貓咪當下的感受。」

安娜琳・布魯（Anneleen Bru）

視覺交流

解讀貓咪語言

視覺交流的重點在於解讀貓咪的肢體語言。觀察貓咪身上的某個小部位，比如尾巴、耳朵或鬍鬚，同時也要觀察貓咪的全身以及牠的動作。

在某些情況下，我們可以透過觀察貓咪的身體部位，來了解貓咪的感覺。當然還要注意到身體的其他部位，也要把身體視為整體來看。有時候貓咪身體所傳達的訊號會有矛盾性。在這樣的情況下，建議大家採取保險做法。讓你的貓稍微獨處一陣子。因為牠可能是覺得有壓力。

我們還要注意別把「觀察」行為和「反應」行為搞混，就像在動物行為學章節將要討論的。

我在訓練課時，如果問了下列問題：「貓咪身體的哪個部位可以讓你馬上知道牠們的感受？」大家經常會一致回答說：「耳朵！」如果我問說：「那麼，耳朵可以給你什麼訊息呢？」、「從耳朵的哪個部分可以讓你讀出哪種訊息呢？」——他們就陷入長時間的沉默。沒錯，除非訊息很清楚，否則你無法從中推測出太多答案。

當貓咪低鳴和發出哈氣聲時，耳朵同時呈現扁平狀對嗎？這樣很清楚地說明了牠的感受。我們不需要花訓練課程就能找出答案。

但耳朵如果是翻轉朝前呢——那就是純粹的「觀察行為」了。這隻貓正在聆聽，且還沒對聽到的事物做出反應。也就是說還沒有「反應行為」。因此，仍無法得知貓咪的感受。原則上來說，貓咪會做的事情很多；走掉、探索、躲藏等。你能看見的只是貓在戒備，因為牠正在聆聽和觀察事物。但這並沒有傳達任何與其感受有關的訊息。

和貓咪一起解讀壓力

當你開始根據此處討論的東西解讀貓咪的肢體語言，且想要確認貓咪是否有壓力時，關鍵在於你要去區分正面和負面壓力。

在行為世界中，壓力是為了生存，進而對外部刺激做出反應的一種張力形式。這樣來看，壓力就可以是正面也可以是負面的。而壓力會對行為和感受產生重大影響的這一事實，其實是我們人類偶爾也會遇到的狀況。

想一想壓力對你的身體造成什麼影響：失去食慾、心跳加速、呼吸加快，以及身體準備好採取行動（攻擊、逃跑或定格）。這是因為在你受到威脅時，比如處於衝突、爭執、鬥爭或吃虧的情況下，你的「交感神經系統」就會馬上行動。

然而，當有某項刺激的事件發生，你沒有立即從中感到威脅，卻需要採取行動時，相同的交感神經系統也會啟動。你可以想一想戀愛、考試、求職、玩競賽遊戲等。

因此，壓力不見得是壞事，但卻是生活和生存所必需的存在。所以說，如果你從貓咪身上觀察到壓力訊號，先別吹響警報，而是要看一下狀況：貓咪在做什麼、牠剛才做了什麼，以及牠本來要做什麼？

如果你還是覺得你的貓正處於不愉快的壓力之下，除了不正面給予回應以外，你也無能為力，但與此同時，你要確保同樣的情況不會在未來發生。

若要做到這點，先問問自己，該如何避免那些導致貓產生壓力的事情發生，以及你能給貓咪什麼工具來緩解壓力（這更實際）。

截至目前為止，我們已經了解到，對動物來說最大的壓力因素並非觸發點本身，而是牠要怎麼應對眼下的狀況。貓咪在反應狀況的當下有所選擇嗎？如果有的話，比起無從選擇的情況而言，牠們的壓力就會少很多。

尾巴

快樂的尾巴

貓咪邊走路邊把尾巴高高翹
起。這表示貓咪看到了喜歡
的東西；且正在進行探索。

貓咪把尾巴指向上方，呈現
出像問號的形狀，那就表示
牠想跟你打招呼，而且很高
興能見到你。

貓咪很興奮的話，就會把
尾巴直直地朝上方舉起，
這也被稱為「假噴尿」(dry
spraying)。幸好不會真的噴
尿！

貓咪把尾巴垂在身後，與身
體保持在相對水平位，這是
個中立的訊號。

不快樂的尾巴

貓身上最容易被忽略的壓力訊號之一，就是尾巴低垂到靠近地面的情況，或甚至藏在牠們身體之下。這時候的貓咪並不想被看見，因為牠們覺得自己受到威脅。牠們也可能會將自己的身體靠近地面。所以在看見這種行為和尾巴狀態時，請千萬別引起牠們的注意，就讓牠們獨處吧。

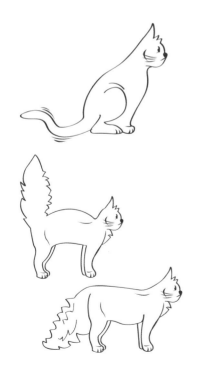

貓咪的整條尾巴搖來晃去時（包括尾巴端和整條尾巴），就表示牠們覺得很煩躁。你可以把這種煩躁看作是對目前狀況產生反應。如果你當時正在撫摸你的貓，那你最好停手。如果是你的貓看到獵物，那就讓牠去吧。牠只是太興奮了而已！

如果貓咪的尾巴蓬起來，就表示牠受到威脅，而且想透過讓自己變得大一點來阻止某物靠近。

貓鬚

大多數的飼主從來沒去注意過貓咪的鬍鬚，但這其實是最簡單且最快速了解貓咪感受的方式。如果貓咪把鬍鬚壓往臉頰方向，就表示牠感覺不太好，所以想保護自己的鬍鬚。

如果你的貓咪在移動或睡覺時，把鬍鬚緊貼在臉頰上的話，那就表示牠不是很開心，最好讓牠獨處。當然，也並非每次都是這樣。

有的狀況是，貓咪必須把鬍鬚收起來，否則就會擋到路。比如說，牠會在嗅聞東西、吃飯、喝水的時候這樣做。因此，請仔細注意當下狀況，以及貓咪可能是出於什麼原因才把鬍鬚貼在臉頰上。

如果貓咪的鬍鬚整個指向前面，那就表示牠們很開心，通常是很興奮的狀態。這隻貓咪要不是心情愉悅，就是剛找到獵物。不過在極端的狀況下，鬍鬚也有可能指向前方。

比如牠們和其他貓咪對立而視就是如此。想當然,這種情況很清楚地說明了貓咪並不開心。

若貓咪的鬍鬚筆直朝外,與貓鼻子垂直時,那就是一個中立的位置。

眼睛

大家比較常聽到的說法是,貓咪的眼睛能告訴我們牠的感受。在極端的狀況下,比如貓受到很大的驚嚇時,是這樣沒錯。

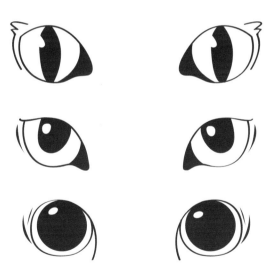

貓咪的瞳孔放大,整顆眼睛幾乎變得全黑時,這說明貓咪非常害怕,所以你必須立刻採取行動增加牠的安全感。

在捕捉到物體時，貓咪的瞳孔會有不同形狀；從又小又窄到橢圓形都有。很難從這點來推測任何東西。

此外，貓咪瞳孔的大小，和眼睛接收到的光線以及潛在情緒有很大的關聯。

能讓我們更加了解貓咪行為，以及牠感受的位置就是眼皮。如果貓咪的眼睛睜得很大，並且盯著某個地方，就表示附近有威脅存在。牠要不是想要趕跑朝牠靠近的物體，就是發現了獵物。

對貓咪來說，瞪視有著強烈的攻擊性。有很多具威脅性的室內和戶外瞪眼競爭，因為過程不易察覺，所以導致我們都沒注意到。這件事情發生時，雙方之間可能相隔幾英寸或幾碼距離。但不管怎麼樣，這狀況就是不對了！因為貓咪呈現著對立鎖定的狀態，無法輕易脫身。如果其中一方想離開，另一隻貓咪會在發現牠的意圖時直直走過來。這對自然界中的生存機會來講不是件好事。

小訣竅──注意貓咪間互相瞪視的時刻。抓起視覺障礙物，比如報紙或枕頭，並保持冷靜和靜默，小心地把這個物品垂直放在兩隻貓中間。輕輕地把比較大膽的貓咪推開，好讓相比之下陷入困境的貓咪有機會離開。如果牠們又開始找尋對方蹤跡，並且出現瞪視或低鳴的狀況，請將牠們彼此分開數小時，好讓牠們的壓力程度得以減輕。

我遇過有人跟我說，貓咪總是會喜歡上他們，但他們跟貓其實完全不親近，或者說根本不喜歡貓。這是怎麼回事呢？

請想像一下，你現在是一隻待在非洲大草原上的貓咪，你看到一個比你大上數十倍的生物向你走來，邊走還邊盯著你看。更糟糕的是，這個奇怪又巨大的生物居然想碰你，還想把你整個舉離地面！

在這種情況下，數千年的演化教會了你什麼？當然是快跑啊！但是如果有個大型生物完全不在意你的存在，不只用背對著你，還有禮貌地避免眼神交會呢？那麼就很友善了！

這時你要是貓咪，你會怎麼做？你會靠近哪邊呢？

小訣竅——你想用貓的方式，讓你家貓咪知道你的真實情感嗎？那麼就在看牠的時候，緩緩地眨眼，然後慢慢地轉過頭。通常只要你給予貓咪舒適感，那麼貓咪就會以同樣的方式對你。在貓咪不太放鬆的時候，這個方法也能讓牠放鬆下來，但不保證一定會這樣就是了。如果你的貓咪緩緩地閉上了眼睛，你也務必要這麼做。這樣就能建立信任感。

舌頭

當貓咪在吃飯或者喝水之外，快速地舔了一下上嘴唇，這就是個隱約的壓力訊號。這種情況下，牠可能是聞到或者當下經歷到牠不喜歡的事情。於是貓就透過舔嘴唇的動作來回應。

嘴巴

除非貓咪剛起床，否則如果在其他時候出現打哈欠的行為，就是在紓解壓力。當某件事情發生，而貓咪需要將其排解時，就會透過打哈欠來處理。

最重要的是，透過「打哈欠」這件事能讓貓咪知道一切無恙。這個行為可以消除壓力，達到放鬆的效果。對了，「打哈欠」對狗狗也有效。雖然可能看起來有點好笑，但卻很有用。

小訣竅——如果你的貓咪遇到困難，請連續打幾次哈欠，並緩緩地閉上你的雙眼，移開目光不要靠近牠。也試著讓自己平靜。你的貓這時可能也會打個哈欠，並把眼皮垂下來。請注意這「招」僅適用在壓力很小的時候。如果貓咪的壓力已經很大了，可別嘗試這麼做。

貓爪

貓的爪子是牠們的第六感。而且因為貓咪肉球間的細微毛髮很緊密，所以非常敏感。我們知道貓在一公尺距離內的視線很模糊，因此牠們的前爪就變成定位獵物和偵查事物的重要工具，在黑暗中更是如此。

事實——研究指出，母貓喜歡使用右爪，而公貓則喜歡用左爪。這種行為往往會出現在一歲以上的貓咪身上。

貓咪也會用爪子去按揉事物。這是幼貓時期的行為殘留，因為牠們小時候會去揉媽媽的肚子，以便在喝奶時刺激母乳分泌。這是此種行為出現時的最初狀況，但在牠們長大後，這行為能帶給牠們很大的安慰作用。這是因為小時候靠著媽媽喝奶能獲得安全與幸福感的連結還在。

貓咪在感覺不錯的時候會這麼做，但如果牠們感覺不太好，也會試圖用這個動作來舒緩自己。通常太早和媽媽分開的幼貓（在 12 週大之前），更容易出現「按揉」的行為，因為這有安慰作用。

這種「按揉」的行為完全正常，只有當貓咪開始在布料或其他東西上亂咬洞，並開始吃一些不可食用的物品時，才會變成一種問題。該現象稱為「異食癖」，是一種問題行為，需要完整且專業的分析，請由獸醫進行健康檢查開始。

小訣竅——由於貓爪很敏感，最好不要太常去碰。如果你需要修剪或檢查牠們的爪子——比如剪指甲或治療傷口時——請給貓咪足夠的時間，了解就算前爪被碰觸也沒關係。請透過訓練貓咪來達到這件事。

首先，你要去找到貓咪喜歡的美味零食。接著把你的手指放在貓爪附近（先別去碰爪子），並餵貓咪吃點心。再來你要迅速且輕柔地碰一下爪子，再給貓咪吃一次點心。循序漸進地拿捏好分寸。請確保貓咪沒有壓力，也不會感到壓力，並讓牠把注意力都放在點心上，很難注意到你在對牠的爪子做些什麼。如此一來，照著前面的練習步驟，你就能在「碰觸爪子」和隨之而來的「美味點心」之間建立正向連結。這讓你可以再次調整貓咪的過往經驗。

你能想像得到，就因為動物的這份敏感，發生了多少由「除爪手術」所帶來的恐怖疼痛以及行為福祉問題嗎？世界上大多數國家都禁止這項手術，而這也應該在全世界都被禁止才是。

貓毛

我們之前有讀到貓咪的毛髮是很敏感的。那我們能從貓咪的毛髮中推測出什麼呢？

當你發現貓咪背部的貓毛往後顫動時，就表示貓咪非常生氣。這可能是身體刺激（如蚊蟲叮咬或過敏）或行為刺激所引起。請先讓獸醫檢查你的貓，以排除健康問題。貓咪可能因為毛髮被碰到而不開心，或者外部刺激讓牠很激動（比如獵物或威脅）。你有看過貓毛向後顫動嗎？請務必停下你正在進行的動作，給貓咪走開的機會。

貓咪打理毛髮的態度也代表著不同意思。貓咪在清理自己時，會安靜自在地坐著，並用舌頭長舔自己的毛髮。

但是如果貓咪是在走路時突然停下來，快速地舔自己的前爪或後背呢？那就表示貓咪突然感到壓力與困惑。這時的貓咪正在決定下一步動作：「我要向左、右、前、後走，是離開還是進行攻擊呢？」諸如此類的事。這種行為有時也被稱作「轉移行為」（displacement behaviour），是壓力反應理論中的第四個「F」。我們前面已經提過「攻擊（fight）、逃跑（flight）和定格（freeze）」了，現在講的則是「緩和」（fiddle），這個字是從「不經意地做事」（fiddle about）衍生而來。

「要是我們能聞到貓所聞到的氣味，那該是個多麼美麗的世界啊。」

安娜琳・布魯（Anneleen Bru）

透過氣味
來交流

用鼻子進行交流

貓咪用鼻子交流。身為一名獨行獵人，這是能取得結果的最有效方式。貓咪的上顎有個額外器官，讓牠能夠透過唾液來讀取社交氣味或化學訊號。這被稱為「裂唇嗅」反應。

貓咪透過在環境及其他貓咪身上分泌費洛蒙（其更複雜的名稱為「化學訊息傳遞素」），來作為主要溝通方式，這取決於牠們的目標是什麼。透過在環境中（和其他貓咪身上）留下氣味，某隻貓咪就能跨越時空與自己及另一隻貓咪溝通。

動物之所以會進行交流有兩個主要原因，其一是守護自身安全，其二則是吸引或避開其他貓咪。對貓咪來説，與自己溝通（這安不安全？）基本上和與其他貓咪（我們想看到彼此，或者不要見面？）溝通一樣重要。

我們和貓不屬於相同物種，因此身為人類的我們聞不到牠們的費洛蒙。這是因為，費洛蒙是相同動物物種間的一種

交流形式。我們所能感知的，僅有費洛蒙分泌中的一部分視覺訊號。

也因此，這讓我們了解某種情況下的貓咪感受。這是因為溝通訊號的作用，在於提供我們大量相關的貓咪情緒狀態。

貓咪以三種不同的方式來分泌氣味：用鼻子磨蹭、抓撓和噴尿。

貓咪磨蹭、抓撓和噴尿的作用，主要取決於貓咪所在的領域（核心區域、生活範圍或狩獵區域）。貓咪要表達在特定區域時的感受，就會以行為來做反應。

貓咪先用全部感官去觀察這三個生活區域之一裡面的事物。接著再根據過往經驗、直覺、動機和情緒來處理這些訊號，並以他們所體察到的感覺來做出特性行為；包括逃跑、進一步調查、採取防守姿態等。

下次當這隻貓咪再次經過相同區域時，牠們先前所分泌的氣味蹤跡，就會告訴牠們要有怎樣的行為舉止，以及牠們上次的感受。比如說貓咪該不該保持警戒？或者說可以放鬆警戒？

你可能會在家中房間角落或者門框上，貓咪身高左右的位置，看到泛黃的斑點。這些斑點可能指出了貓咪的固定行徑路線，牠每天會在這些地方分泌多次「臉部費洛蒙」

（facial pheromone），並透過在這些區域摩擦臉頰留下費洛蒙。

貓咪很注重的點在於，希望你不要把這些斑點清掉。因為這樣就等於是在清理重要的交流訊號。

但另一方面來說，適當清理噴尿點是件好事。這樣能防止貓咪下次又想在相同地點噴尿。當然，我們應該將其與屋內調整相結合以降低壓力。

小訣竅——清理尿液或噴尿點的最佳方式是什麼？取得三個空的噴水器，並將其裝滿：

1. 10 份清水、1 份酵素、1 份有機清潔劑
2. 清水
3. 藥用酒精（至少 70%）

A. 第一步，用小塊抹布清理尿液。
B. 第二步，用噴水器清理每個斑點。
C. 晾乾時間要充足。

聲音交流

喵叫聲

不管我們再怎麼希望情況如我們所想，但事實就是聲音交流對貓咪來講，並不像它之於我們那樣重要。

身為獨行獵人，在穿越沙漠的時候「喵喵」叫一點意義也沒有。沒人聽得到你的聲音，所以只是白費工夫而已。假如距離最近的另一隻貓在幾英里之外，那喵叫也同樣沒有意義。這就是為什麼貓把氣味當作主要語言的原因。再者，大聲進行聲音交流很可能造成險境，也有可能會把動物或其他捕食者招來你的躲藏地。

然而，貓咪也完全明白聲音可以引起我們的注意力。人類身為群體動物，本來就是會被像嬰兒般的聲音所警告或激勵。這也是為什麼緊急服務鈴會是那種聲音；那是種通用的刺激聲，每個人都能聽到並對這個警示做出反應。

貓咪的喵叫聲也屬於同類型。我們被觸動，直覺地就會往聲音的源頭望去，通常會隨即做出給予關注和點心、帶牠們出門等反應。我們的貓咪從很小就學到：「喔，這有效呢！如果我想從我家人類身上得到某個事物，那我就喵叫就行了。」

貓咪會視各種情況來學習；牠會在一天中的幾個時間點嘗試，以了解要去找哪個房間的哪個人，才能得到牠們需要或想要的東西。此外，牠們完美掌握了音調和分貝大小。貓咪真的把我們訓練得很好——真是個投機主義的小淘氣鬼！

聲音的使用

不論是有聲或無聲，貓咪主要會在衝突情況和交配季節時使用這些聲音。還有母親與後代之間也有這種形式的溝通。因為我們和貓咪生活緊密，牠們也會學習對人使用有聲和無聲聲響。多數家庭都會出現一些隱約的緊張時刻。通常透過行為學的建議，就能快速處理這些緊張感，或者也可能很不幸的：需要搬家。再者，我們的家貓都已經絕育，普通家庭也不會每年都有一窩小貓出生。

聲音的類型

在科學文獻中，聲音被分為三類：

1. 貓咪閉著嘴巴，發出「呼嚕呼嚕」這樣的可愛喉音，這個意思是打招呼。
2. 貓咪的嘴巴張開與閉上所發出的聲音，像是喵叫、哭聲或者嘎嘎聲。
3. 最後則是貓咪張開嘴巴所發出的聲音，比如貓嗚聲（快速穿透空氣）、吐氣聲、哈氣聲、低鳴，以及發生衝突時的尖叫聲等。

呼嚕聲（Purring）

我們都聽過呼嚕聲。貓咪覺得自在、很享受某事物，或者打招呼的時候會發出這種聲音。牠們用這個方式來表達自己感到無威脅。

在貓咪覺得不舒服、痛苦，或者受到威脅時也會發出呼嚕聲。牠們用這個方式來表達自己不足以構成威脅，希望可以有逃脫的機會。有些貓咪從來不發出呼嚕聲，這也在正常範圍裡。

小訣竅——我們一直建議大家留意貓咪突然改變的行為。你的貓咪以前會咯咯叫，突然卻不叫了嗎？還是說以前不呼嚕叫，現在卻會了呢？當這些事情發生時，最好還是跟獸醫聯絡一下。

如果你接觸的是野貓，那就更要注意這點了。在實際案例中，我經常看到義工們把野貓的呼嚕聲，當成是牠們開始覺得比較舒適的信號。

這與事實簡直是大相逕庭。貓咪發出喉音是為了舒緩自己，並表示不想成為威脅的意願。這就表示牠的壓力程度很高，導致貓咪無法學習任何新事物。包括去了解人類並非威脅。在此時，也要擔心貓咪會出現被嚇壞的姿勢、留意其貓鬚和可能放大的瞳孔。貓咪也有可能會不再吃飯，因為壓力抑制了牠的飢餓感。如果壓力持續太久的話，牠可能就會病得很嚴重。

嘎嘎聲（Chattering）

當貓咪看到牆上的蒼蠅或者外面的小鳥時，就會發出嘎嘎
聲這種可愛行為。就好像嬰兒的咿呀聲一樣。當牠們無法
（立即）接近獵物時，會因沮喪而做出這樣的行為。近期
研究指出，貓咪可能想透過這個聲音來將獵物引過來。

「當貓咪有壓力的時候，牠會閉眼、彈舌頭、毛髮上會有微小顫動，鬍鬚也會壓向後方。請務必給予關注。因為你的貓正試著告訴你一些訊息。」

安娜琳‧布魯（Anneleen Bru）

概要：
解讀貓咪行為

貓咪感到舒適 / 快樂時

- 鬍鬚朝前
- 耳朵朝前
- 瞳孔小
- 尾巴朝上，像是問號的形狀
- 以假噴尿的方式來打招呼
- 玩耍
- 枕著自己的背睡覺
- 閉上雙眼
- 緩慢眨眼
- 呼嚕聲

警戒態度

○ 站得很直，尾巴垂在爪子上
○ 縮成一團睡覺
○ 躲起來（視線阻隔）
○ 在地上打滾
○ 打哈欠（剛起床以外時間）
○ 伸展（剛起床以外時間）
○ 鬍鬚朝外（中立）
○ 聆聽周遭環境

隱約的壓力訊號

○ 尾巴靠近地面
○ 鬍鬚朝後
○ 舔（嘴巴）
○ 貓毛顫動（背部）
○ 尾巴搖擺（尖端 / 整根尾巴）
○ 急促地舔毛 / 尾巴根部
○ 舉起一隻腳爪
○ 耳朵朝外或兩側
○ 瞪視
○ 磨爪（激動，+ 或 -）
○ 假裝睡著

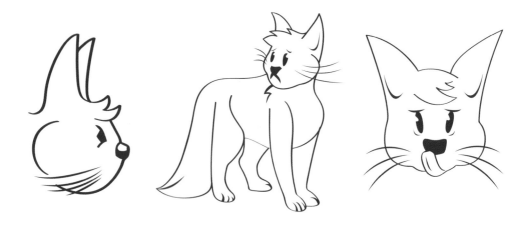

清晰的壓力訊號

- 低鳴
- 哈氣聲
- 吐氣聲
- 哭泣
- 嚎叫
- 耳朵壓平
- 瞳孔放大成圓形
- 毛髮豎立（尾巴、背部）
- 呼嚕聲（極其嚴重，最終手段）

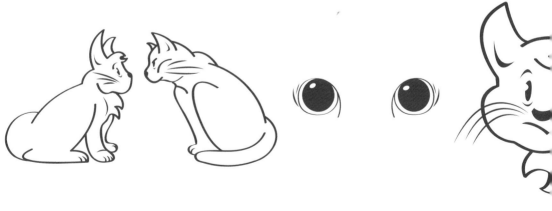

優化環境

了解貓咪的需求

我們常常會用自己的行為觀點去看貓咪。因為貓咪對我們來講很重要，所以我們就會期待牠們要有怎樣的表現才行。在我見過的實例中，最大的誤解會出現在「提供重要資源」及「表現對彼此的情感」上。

而在應該把貓咪當成人類來照顧的情況裡，我們卻往往做得不夠好。比如說提供牠們充足的吃飯地點和良好衛生條件。

身為社交動物的我們，用餐時會有自己的盤子、椅子。然而身為獨行獵人的貓咪們，卻要在家中和其他貓咪共用吃飯地點。對牠們來說，關鍵在於空間而不是碗盤有幾個，並且能夠選擇遠離其他貓咪。

另一個例子就是貓砂盆。你會想在骯髒的廁所裡如廁嗎？我們不是也都會保持廁所乾淨，以便下次使用嗎？然而我們還是常發現貓咪生活環境髒亂的問題，就是因為有些飼主們隔好幾天才清理一次貓砂盆。

這說起來，就是在欺負貓咪超愛乾淨的本能吧。因此當然偶爾會有貓咪覺得：「不了，謝謝。這廁所對我來講太髒了。我不想在這裡上廁所。」這是可以理解的，不是嗎？

也有時候，在應該考慮到典型的主要貓咪特徵時，我們卻過度把貓咪當成人來對待。

比如你可以想像一下，你用著炙熱的目光朝貓咪走過去。這種行為對貓來講可是非常具威脅性的。假如你在非洲大草原上，有一隻大型生物一邊盯著你、一邊朝你走來，那你當然是要趕快逃跑啊！

所以列出貓咪的主要需求是很重要的事情。這樣一來，只要在家中進行一些小調整，就能對貓咪的幸福感和日常生活起重大改變。

可別被嚇壞了——在接下來的章節中，將透過提供一些訣竅來啟發你，並讓你有更深的了解。

因此，即便你在某個部分覺得説：「我的貓沒有這種問題，所以我不打算改變這點。」我還是會請你做些改變，並嘗試一下。也許你的貓對某個情況表現出沒有問題，但那可能是因為牠從來沒有其他選擇。誰知道呢，説不定你的貓會變得前所無比的快樂！快樂到你都會吃驚呢！

貓咪生活的共通威脅裡，包括了可預測性、可辨識性，及安全性。

就像前面提到的，貓咪會不斷地審視、估量自己的環境。

而一個良好環境最重要的三大要點是：可預測性、可辨識性，及安全性。身為一名好貓奴，最好要把這三個詞記下來。

由於在演化上有著出色的適應能力，使貓咪對壓力異常敏感，這也讓牠們以獨行獵人的身分存活了數千年。但在家庭環境中，那股對於壓力的敏感度，指的是讓貓咪知道一切。

可預測性

在大環境中，可預測性指的是，貓咪可以替自己建立起可預測的日常生活。這種常規的重要性就在於，可以預測存在著威脅或危險狀況的潛在場景。

門有時候是關著的，有時候又開著，這就是無法預料。貓砂盆晚上在這個位置，白天又不一樣時，又是一個無法預料。貓奴有時候會輕巧溫柔地撫摸貓咪，有時候卻摸到牠的毛都打結了，這也無法預料。而貓奴時而回應、時而忽略貓咪所發出的訊號，這也是無法預料的事情。

你家貓咪會在關上的門旁邊喵喵叫，但你打開門後卻又不走過去嗎？其實貓咪在乎的根本不是走過那扇門，而是門就是要保持敞開，以防急迫危險發生時，牠能及時越過以

應對該情況。貓咪想要能有所選擇，記得嗎？所以請保持所有選項暢通無阻。

比如你在家裡放了個紙箱，一開始貓咪很常使用這個紙箱。這是因為它又新奇又好玩，而且是個理想的躲藏地點。但過了一陣子，貓咪變得比較少用這個紙箱，或者完全不去使用它了。於是你就決定要把紙箱收起來，因為你認為貓咪已經玩膩了，所以不喜歡這個箱子，或是不再需要它了。這是錯的！這就是出錯的點。貓咪把這個箱子當成可預料的躲藏地點，只要有危險威脅發生時就能用上，但平常是用不到的。

有這個紙箱在，就能確保貓咪感到舒適，並且可以冷靜地走動。如果你把紙箱丟掉（因為這看起來像是臨時用品），你的貓就會想說，「天啊，我現在又要再次保持警覺心了，因為我那個可靠、可預料，用來預防緊急狀況的躲藏地點不見了！」

你家貓咪想在地盤中擁有選擇權。這就表示，在各個牠想用的物品或資源上，都要給牠多重選擇。所謂有選擇，並非單指某個東西的存在與否，而是某件事物有著多重版本或選項，讓貓咪可以自己選擇。「我要去那邊嗎？還是在那裡吃飯嗎？我應該用二樓的貓砂盆還是一樓的？」讓你的貓咪能根據安全性、個別喜好，以及先前習得的行為去做出決定。這種做決定的方式能帶來安定感與可預測性，因為這樣能讓貓咪知道，當牠需要某件事物的時候，牠永遠都能自己去選擇安全的選項。

熟悉度

熟悉度的重點在於,讓貓咪有機會替事物做記號,以便在下次經過時知道自己該做什麼。我們在費洛蒙和透過氣味交流的章節中,也已經深入探討過了。貓咪必須保持警戒嗎?牠能放鬆嗎?還是應該要逃跑呢?貓咪會在其地盤上的特定、特殊且重要的地點分泌氣味。這些氣味物以及貓咪的過往經驗,讓貓咪能判斷環境,並知道能不能放鬆下來。

因此,如果你帶了一隻新貓咪回到家裡、買了新沙發,或者整修了屋內的一隅,請給你家貓咪夠多的時間去嗅聞所有事物,並進行探索。請提供足夠的資源選項(最少也要一個以上!),這樣貓咪才能按自己的速度,去發掘並標記新環境。這個意思是你不能更動家裡的任何事物嗎?當然不是!不用講,我們還是要保持實際才行。只是你要給貓咪時間和工具,讓牠去探索一切,並留下氣味痕跡,那貓咪才能更有辦法去應對狀況。這也能讓貓咪獲得健康快樂的生活。這就是本書所要談的重點!

安全性

這是指在貓咪所處的環境中,最好能夠沒有壓力因素或將臨的威脅存在(比如陌生貓咪、大聲聲響和大型且陌生的狗狗)。

但是安全性中也包含了周邊模式，例如地盤上有適合而可用的通道、能取得主要資源，以及有充足的元素來應對危險。這不僅和我們提供給貓咪的事物有關，還包括了我們給予這些東西時的方式、位置地點、選項和時間。

以下幾個例子可說明這點：

例子——蕾貝卡（Rebecca）把貓咪的食物和水放在廚房，並把貓砂盆放在隔壁的雜物間裡。而客廳和廚房中間有一扇門。這就形成了壓力，因為伊娜絲（Ines）和她男友總是用這個出入口來進出，尤其要是有其他貓咪坐在出入口前，那麼貓咪通往所有資源的道路就等於被擋住了。眾所皆知的是，當處於相同地點時，貓咪會去擋住主要資源不讓別人接觸。因為貓咪有著匱乏心態（scarcity mindset），自信的貓會毫不猶豫地保護資源，並占為己有。獨行獵人，記得嗎？因為出入口既難預料又不安全，所以她的貓咪每次吃飯、喝水和使用貓砂盆時都會感到壓力。更嚴重的是，牠們整天只要做這些事情時，就會覺得焦慮（我等一下想吃東西的時候，可能會……）。

例子──現今生活趨勢是在陽台裝個美麗的落地窗。這是貓咪最大的壓力來源之一，因為只要外面的陌生貓咪看進來，牠們就會不斷覺得受到威脅。貓咪之間的對望是非常具有侵略性的（即便看起來好像牠們只是「友善」地看著對方），這會導致你家貓咪處於警戒狀態，並且無法安心地去使用你在這個空間內提供給牠的所有資源。因此，將不透光玻璃貼從窗戶底部，一直往上貼到貓咪站立的高度左右吧。無知就是幸福。

避免
資源匱乏

資源匱乏與資源豐足

資源匱乏指的並非物品或資源上的不足，而是選擇上的不足。貓咪想在使用物品或資源的地點方面有所選擇，因此必須有這個選項才行。除此之外，還要讓貓咪能以可預測的方式來做出選擇。給予貓咪選擇權可以讓牠擁有控制感和安全感。這樣一來，你的貓咪才能在任何特定的時間點，做出正確、安全且恰當的選擇。

也就是説，在任何主要資源上，不應該讓貓咪只有一個選項，且如果家中有一隻貓咪以上的話，更應該要提供備用選項。因此，規則是 n+1 個位置數量。這是指以貓的數量為計算，並往上增加一個備案。所以這跟在一個位置中提供多少物品或資源無關，因為從貓的角度來看，這仍然算做一項而已。比方説你在同一個地方放置了五個貓砂盆或餐碗，這對貓來説只能算是一項資源。

採用 n+1 規則表示你的貓咪整天都能有所選擇：「我覺得這邊已經不安全了，因為我和我的姊妹不喜歡一起吃飯，但她已經在那邊了，我看我還是去房間裡面吃吧。」或者「我想上廁所，可是巴洛在樓上的走廊看來看去的。我不喜歡這樣子，所以我還是選擇用樓下的貓砂盆吧」。貓咪是機會主義者，永遠都要給牠們機會做出自己的選擇。這很好理解，不是嗎？我們也是這樣對吧？

貓咪習慣獨自做各種事情；吃飯、喝水、睡覺、狩獵、躲藏、抓撓等。所以請確保讓每隻貓咪在各方面都有大量選擇，並分散這些資源選擇，讓貓咪有多種可取得並使用資源的方式。我很多客戶都有特別的「貓咪房」，且在這一間房裡擺放著所有的資源。這對貓群來說並不理想，甚至對一隻貓來說也是！

貓咪想要的，是一切都分散在房子裡的各個角落。這是讓牠可以做選擇的唯一方式。這也是為什麼我個人不太喜歡傳統的貓跳台，因為它把太多功能結合在一起了；包括高度、躲藏和磨爪功能。貓咪需要的，是這三種不同功能，被分散在地盤中的三個不同角落裡（核心區域、生活範圍、狩獵區域）──而不是全部擠在同一個地方。此外，這些貓抓柱的外觀沒有太大魅力。因此大家都喜歡把它放在房屋角落，這樣才不會被醜到。雖然飼主可能會覺得，這個東西滿足了貓咪的各項需求，但貓卻正好不需要這些功能。

 絕對是你不能背棄的黃金規則。

點綴環境

超市階段

我們想優化貓咪的環境，讓牠們住得開心。但我們怎麼知道東西要放在哪，以及貓咪到底喜不喜歡呢？答案只有一個：試驗！這就是為什麼我老是在講「超市階段」的原因；在 4~6 週的期間內，我們提供貓咪多個選項，讓牠們進行選擇。也就是說，在這六週你要咬緊牙關堅持到底，讓你的夥伴或室友知道，這種資源超量供應的狀態可不會一直持續下去。

若要開始這個階段，請勿移除任何熟悉或可預測物品，也不要改變它們的位置，只要添加少許物品即可。至於在超市階段使用的位置數量，請使用 (n+1) x 2（五隻貓以下）或 nx2（五隻貓或以上）規則。比方說你有 3 隻貓，那麼就是 (3+1) x 2 = 8，需要 8 個位置。如果你有 6 隻貓，那就是 6 x 2 = 12，需要 12 個位置。如果你覺得這樣太多且難以實施，那麼至少也要從 n（你飼養的貓咪總數）開始。

在這個時期裡面，你的貓咪有機會能重新配置自己的地盤，並從經驗中學習到，對牠們而言何謂安全的選擇。在這之後，你可以漸漸地將那些從未被使用的物品移走。

如果你家的貓咪處於困難時期，或者群體數較龐大導致有壓力，那麼你可以每年重複一次這個超市階段。因為環境、鄰居家、家中貓咪的個別偏好可能會有所改變。如果家裡有貓咪去世，或者有新來的貓咪時，也請再重複一次超市階段。因為在這些時候，對於重新劃分資源和可用區域有

著強烈需求。

IKEA 宜家家居等店

我辦公室的常客老是會開玩笑地問我，說我是不是有 IKEA 的股份，因為我經常叫他們去一些「平民百姓」商店——比如 IKEA、TK Maxx 或慈善商店等地購買貓咪用品。

想要豐富貓咪生活，並非總是要從專賣店，或寵物店購買昂貴物品才行。主要在於發揮創意去探索，打造出屬於你自己的作品和經驗！

換句話說，你要去能找到貓咪所需物品的地方，而不是本末倒置。

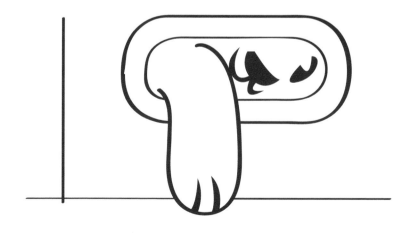

「透過把資源放置在正確位置，我們能打造出可預測且可辨識的環境。貓咪會因此而感到很快樂呢。」

安娜琳・布魯（Anneleen Bru）

安全或不安全？

快樂貓居家環境中的兩種區域

為了要完全了解房子裡需要有什麼，才能讓貓感到快樂，實踐後我們將貓咪必需的資源劃分為兩類區域：「安全」區域以及「不安全」區域。

所謂**安全**，指的是提供主要資源位置必須是安全的，這樣才能確保貓咪隨時都能以可預測的方式安全地取得資源。安全地點包括隱蔽角落、桌子底下、櫥櫃與牆壁之間等；這樣的地點中，不會有太多事情發生或者有誰經過，貓咪就不會被突如其來的聲響、氣味或動作嚇到。如果貓咪無法自由取得資源，牠們就會生出廣泛性焦慮，這樣一來不僅會影響到牠們的行為和總體幸福感，也會對其健康造成毀滅性的影響。慢性壓力會導致貓咪生病、患上泌尿道和膀胱問題。比方說當身體處於壓力之下時，可能會導致無法攝取食物。這樣一來，貓咪會變得很容易嘔吐，或甚至完全停止進食。

所謂**不安全**，指的是貓咪處理威脅或危險資源時，所需的工具或支持。因為當你面臨危險並能夠決定如何應對它時，那麼這個即將發生的威脅就並非是多大的問題。

舉例來說，不安全的地點包括通道、門口、著陸點、樓梯間、走廊、前後門旁的位置、車庫內垃圾桶附近的區域、活動板貓洞，以及有機會遇到其他貓咪，或發生動靜的地點，如廚房或客廳。

透過在不安全的位置提供特定物品，就能提供貓咪所需的工具，讓牠能以可預測的方式來估算潛在威脅，並在其面對事件的地點有效地去進行處理。

安全	不安全
食物	磨爪地點
水	高度
貓砂盆	視線阻隔
＋ 磨爪地點 ＋ 高度 ＋ 視線阻隔	＋ 水

這樣一來，由於你為貓咪創造了一個可預測且可控的環境，牠們就能保有整體而言相對冷靜的態度。

你完全可以將本應放在不安全地點的東西，放在安全的地點上。貓咪會出於別的原因來使用它們，但這些東西絕對有自己的用途和功能。

可是反過來就不行了。只有飲水資源可被放置於不安全的通道（但同時也要在安全區域提供此資源才行），飲水資源也大多是在這些地方會用到。食物和貓砂盆則必須永遠放置於安全地點。如果你沒有做到這點，而把東西放在不安全的位置，就會導致問題發生，最常見的就是房屋髒亂問題，以及恐懼所引發的問題。

「不要在同一個地點同時提供食物和水。這對貓來說非常不自然，而且會降低貓咪飲水的動力。」

安娜琳・布魯（Anneleen Bru）

食物與水

分別提供食物與水

沒錯！這是對貓咪而言最重要的資源！如果我們能優化它們，你的貓咪就不會再有睡不著的夜晚了。絕對不要把水放在食物的旁邊。

在真正動手優化貓咪的進食和飲水區域前，我們先來補充一些基本知識吧。可預測的資源能為貓咪提供可選擇的選項，這就能帶給貓咪安定與控制感。為了做到這點，最好花一點時間來測試這些資源。

這是因為，先前有很大的可能，你的貓咪只是去配合你所提供的物品，畢竟牠們當時沒有其他選擇。因此，了解貓咪的自然天性，將能夠激發你去嘗試新事物並進行測試。

首要的一點是，貓咪很少在池塘旁捕捉獵物。因為貓咪所捕捉的獵物，比如老鼠，其攝取的食物內已經含有大量水分，所以牠們不用像貓咪這種大型獵食者一樣去開放水域飲水。此外，貓咪也不想讓獵物的腸道內容物汙染水源。

在大自然環境中，貓咪對水也沒有很大的需求，因為牠們可以從獵物中獲得大量水分。貓咪從適應乾旱環境的祖先演化而來，因此擁有效率極高的腎臟。這些都表示，我們在家中哪個地點、用何種方式來提供貓咪水分是很重要的事。

而現今，必須刺激貓咪喝更多的水才行，因為和以前相比，牠們不再捕食活生生的獵物，而是吃一些乾糧，所以會需要額外的水分。貓咪乾糧的含水量（約 10%）低於老鼠所含的水分（70~80%）。飲用大量水分對貓咪的健康很重要。尤其對年老的貓來講更是如此。

這也是為什麼不建議大家將食物與水相鄰放置；但大多數的貓奴很明顯還是這樣行事。因為我們不就是同時吃飯喝水的嗎？而且大多餐碗都是由兩部分組成——一個放水、一個放食物對吧？把這想法丟掉！

將食物與水相鄰放置的話，你會降低貓咪喝水的動力，這是因為：

○ 貓咪不是先吃飯接著就喝水，而是在不同的時間點分別吃飯和喝水。

○ 對貓而言，吃飯比喝水更加重要。因此每當貓咪去到一個同時放置食物和水的地方時，牠就會選擇吃飯而不是喝水。

○ 假設把食物和水放在一起，貓咪就會直覺地認為水被汙染過，導致牠們比較不想喝水。

提供食物

取得食物是貓咪最重要的任務；也是牠們的首要大事。貓咪是絕對的肉食性動物，意思是牠們需要大量的蛋白質，而這僅能透過肉類資源和脂肪來取得。這發生在一般的掠食動物身上。牠們不太需要纖維——與老鼠胃中所需的量相差無幾——且幾乎不需要碳水化合物。

在大自然環境中，貓咪一天會獵捕八到十隻動物左右，也就是每天少量多餐的意思。所以我們的貓咪每天會去餐碗處 10~20 次，且每次都只吃少少的東西。貓咪胃部的功能和其消化系統也與之相應。因此，我們按照這個自然進食模式來提供牠們食物是很重要的事情，這樣貓咪才能控制自己進食的地點和數量。

對健康的貓咪來說，任意飲食是最好的狀況（只要存在於正確條件下即可，包括多個進食地點、豐盛且正確的飲食、每天玩耍時大量運動等）。

這表示要在多個地點放置乾糧。只在單一吃飯地點提供的話是不夠的，因為在大自然的環境中，貓咪不會一直在同一個地點尋找或吃掉獵物。在單一地點放置食物違反了貓咪的天性。

如果想要貓咪在身心靈都取得優勢的話，就給予貓咪在多個安全地點進行少量多餐的選擇權吧。這樣貓咪罹患貓下泌尿道疾病（feline lower urinary tract disease）的機會就會降低，並且像沮喪、恐懼這類會導致緊張和攻擊行為的負面情緒也會減少。

根據超市原則中有效的「n+1」規則，你所放置的餐碗數量，必須比你養的貓咪數量還多一個。但多放幾個碗當然也無害就是了。畢竟食物真的太重要了！過一段時間後，你就能拿走那些貓咪從來沒碰過的碗了。

原則上來說，大多數貓咪吃飯不會過量，所以沒有「飲食過量」的危險。如果你的獸醫給出正當理由，請你不要再隨意供應食物——比如出於健康狀況考量的話——這當然就要優先考慮了。

然而，在實際生活中，如果貓咪過胖的話，飼主就會覺得一天只要餵貓咪吃兩餐就好。這有可能會產生負面效果，也許會導致貓咪變得焦慮，並更執著食物。我們會比較建議各種「自然飲食結構」，也就是豐盛食物的結合，這樣一來，貓咪必須自己努力取得每日可進食的量，且為低卡路里食物，並透過大量玩耍以消耗能量、調整環境以刺激貓咪攀爬和玩耍，同時提供多個進餐地點，以確保絕對不會發生短缺的狀況。

慢食碗（Anti-gobbling bowls）

一般我們會建議把慢食碗當作標準餐碗。這是因為貓咪必須自己努力取得食物。別覺得這樣很壞，其實這符合了貓咪的本能行為，所以是件非常正常的事情。不是所有貓咪都能馬上了解其中原理，但普遍來説，貓咪的學習速度很快。

慢食碗通常可以在寵物商店或網路商店的狗狗專區找到。貓咪專區也可能找得到，但總之先查看狗狗專區。

然而，如果你發現你的貓咪之間有攻擊性，就不要這麼做了。在這種情況下，還是別進一步增加貓咪取得食物的難度。先解決貓咪間的緊張氛圍，再讓牠們為自己爭取食物吧。

我們也要區分出像上述那種，永遠在同一個地方出現的「固定食物點」餐碗，以及像是益智餵食器（puzzle feeder）那樣的「移動食物點」。這些益智餵食器就不需要使用

「n+1」規則了；它們是例外。

供應食物

我們可以把水拿來當作是刺激本能行為的有趣方式。貓咪天生就有自己的偏好，但普遍來講，還是有著我們能夠信奉的信條，並把它當成在供應飲用物資源上的經驗法則。試試看吧！

○　把水遠離食物。就如前面所述，貓咪不喜歡在吃飯的餐碗旁邊喝水。此外，這也說明了貓咪為什麼會喝玻璃杯裡的水、從水龍頭喝水、舔窗戶上的雨水，或甚至從馬桶喝水。

○　請把水碗放在隱密、安靜的地方，且必須是貓咪每天會行走的路徑，比如走廊、著陸點，以及活動頻繁的區域，比如客廳。

○　水碗放置處要距離牆壁 1 英尺（約 30 公分）左右，且不要靠著牆。貓咪一般喜歡坐在水碗和牆壁之間。因為牠們在喝水時會感到自己很脆弱。用這種方式，牠們可以觀察四周並留意整個空間。貓覺得背靠著牆給牠們一種寬慰感，因為牠們知道，這樣就沒有任何東西能從背後悄悄出現或

嚇牠們。

○ 相較之下，貓咪通常會選擇流動的水而非靜水。出於直覺，牠們知道靜水更加危險，因為裡面可能含有更多細菌。但牠們是否會喜歡飲水機，或者比起水碗，會不會更喜歡飲水機這點就很難講了。比如從水龍頭喝水時，更主要的是水的新鮮度，以及水流出時的趣味性。

○ 比起自來水，貓咪更喜歡雨水和過濾水。請試著收集一些雨水，並隨身攜帶。

○ 避免使用塑膠碗；它們會讓水沾上難聞的氣味。建議使用不鏽鋼、玻璃和陶瓷碗等。

○ 相比之下，貓更喜歡大橢圓形或圓形表面，這樣貓鬚才不會碰到水源的邊緣。牠們不喜歡那種狀況。因為貓鬚可是相當敏感的，記得嗎？

○ 選擇高表面的物品，像是花瓶（底部比開口處更寬，在保持穩定性的同時，也有寬廣的表面積以讓貓咪飲水），或者表面積至少 8 英寸（約 20 公分）的物品，比如沙拉碗、花瓶、湯碗等。
再次提醒：IKEA 宜家家居、TK Maxx 和慈善商店等，都很不錯喔！

「貓咪身為肉食性動物，在使用貓砂盒
時會覺得自己很脆弱。是時候為牠們提
供所需物品，而非傳統的貓砂盒了。」

安娜琳·布魯（Anneleen Bru）

貓砂盆

貓砂盆

貓砂盆——人們經常討論它,但卻鮮少了解這個東西。不可否認的是,它們並不會讓人感到開心。大多數貓奴並不會喜歡上每天清理貓砂盆,或替貓咪鏟屎這些事。這也是為什麼我們應該更加了解它們的原因。因為可改善的空間還有很多呢。貓砂盆和其運用,可是影響貓咪幸福感的超級重要因素。

如同本書開頭的略述,家貓的先祖們,可是有著上千年使用非洲沙原來上廁所的歷史呢。那裡的土壤由柔軟的細沙組成,很適合貓咪的敏感爪子以及掩蓋排泄物和尿液的天性。

身為肉食性動物,貓咪排出的糞便中含有豐富蛋白質,很可能會引起更大型捕食者的注意。這也是為什麼牠們要將糞便埋起來。因此,貓咪在使用貓砂盆時才會感到異常脆弱,這也使得維持廁所各方面的整潔度變得非常重要。

貓咪受到愛清潔本能的強烈驅使,所以牠們幾乎時時刻刻都在使用貓砂盆,即使還不是那麼想磨爪,或者相離甚遠,皆是如此。但我們不能因此就不去優化貓砂盆。

如果貓砂盆不夠整潔,就可能會導致房屋髒亂問題,因為在此情況下貓會選擇隨處大小便。

接下來，我們將一步步說明在提供貓砂盆時應注意的各個方面。

位置

貓咪喜歡在兩個不同的地點分別大小便。也就是說，如果你養著一隻貓咪，那你至少需要兩個貓砂盆。

不幸的是，不管你到底喜不喜歡貓砂盆，這都是免不了的。我們對你的痛苦感同身受。

話雖如此，但貓咪先天就愛保持衛生，所以也會出現大小號都在同一個貓砂盆的狀況。牠們必須這麼做。貓咪是絕對肉食者，且受其消化系統影響，牠們的糞便含有高蛋白質，可能就此引來更大型的獵捕者。這使得對牠們來講，以正確的方式將各種東西埋藏在正確地點，就很至關重要了。如果只有一個可用的貓砂盆，牠們的欲望就無法被滿足，並會增加房屋髒亂問題產生的機會。

如果你養超過一隻以上的貓，請遵循「n+1」規則。很多貓奴不知道為什麼會因為這件事而吃驚。假設你養了六隻貓咪，那麼根據這個規則，你就應該要放置七個貓砂盆。

不要感到恐慌，因為這裡面有個漏洞呢！你還可以計算一下自己家有幾個社交團體，並用得出的數字來作為「N」，而不需要以貓咪的總數為計算。原則上來講，這樣應該就夠了。但如果家裡開始出現房屋髒亂問題，那你就應該馬上根據你所養的貓咪數量（N）+1 來進行變動。

貓砂盆的尺寸與類型

關閉式／掀蓋式、門應該打開還是關閉？這是貓奴對貓砂盆常會有的疑問。

要知道，你在大多數寵物商店內能買到的傳統貓砂盆，和貓咪自身會選擇的款式可是大相逕庭。如果你還想繼續使用傳統貓砂盆的話，就確保它夠大吧。

這是指至少要有 XL 尺寸，這也是你能在商店中找到的最大尺寸。貓砂盆至少要比貓咪大上 1.5 倍才行。不用三思，小門就是一定要拆掉，因為它會刮傷貓咪敏感的毛，而且在貓咪進出貓砂盆時，還會意外碰到貓咪的屁股，這對想要使用它的貓咪來說，就變成附加障礙了。

不論你的貓咪喜歡開放式或封閉式的貓砂盆，那都與個別喜好有關。因此，最好兩種都提供給牠，並找出貓咪最喜歡的那個。

貓咪會特別喜歡的，是直徑約 25 英寸（約 63.5 公分）且側面沒有孔洞的桶型橡膠洗衣籃，或是約 30 英寸長（約 76.2 公分）、15 英寸高（約 38.1 公分）的無蓋開放式儲藏容器。

這是因為這些箱子有著許多優點。首先，因為邊緣夠高，貓咪在擁有更多安全感的同時，也能對周遭發生的事物保持注意。離開這樣的貓砂盆對貓咪來講，可能是一項很有壓力的事情。

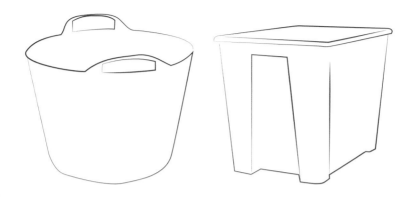

在使用貓砂盆時，貓咪有時會因為其他貓咪擋住出入口，或是跳到貓砂盆頂而受到打擾。由於這些箱子的頂部呈開放式，因此貓咪可以選擇要從哪裡走出貓砂盆。

這些箱子的價格也很便宜，讓你能盡情地去進行測試。就算貓咪選擇不使用該箱子，那麼用來作為儲放物品也是個很棒的點子。貓奴們也指出，這些箱子比較不那麼顯眼，這點會讓飼主更願意在家中各處放置更多箱子，以幫助貓咪滿足上廁所的需求。

最好不要讓小貓和年長的貓使用這種高度的箱子。針對牠們，請創造出兩個不同的出入口，以方便牠們進出。

衛生

在衛生方面，你完全可以把貓咪當人類來對待。我們不喜歡廁所有著前一位訪客的殘留物——就算那不是我們自己的廁所。貓咪也有相同的感覺。儘管研究指出，貓不太會在意那些殘留物是自己的還是別人的，但這些東西的存在會增加如廁問題產生的機會。

因此，每天清空貓砂盆就非常重要了。我們知道那一點也不有趣……但這是必須要做的事情！

想要讓日常鏟屎變得更加容易，有個訣竅就是使用鎖便桶。這是一個貓砂處理系統，你可以將凝集尿液的髒貓砂和乾糞便，扔進這個容器裡。該系統類似於嬰兒的尿布處理器。

利用鎖便桶內的檔片，你可以讓帶有貓咪排泄物的髒貓砂，掉進裝有生物分解袋的隔層中。使用鎖便桶不但衛生（在每個貓砂盆旁都放一個，或至少每層樓都放一個），也能替你節省許多時間。

這要看你養了幾隻貓來決定，每個禮拜一次，在隔層的底部打個結，這樣就能把它丟進垃圾桶裡，又不會散發出異味了。這空氣真是讓人耳目清新——實際上和比喻來說都是如此！

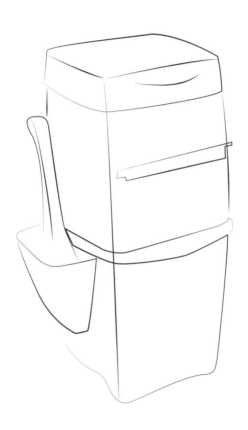

貓砂

在寵物店選擇物品通常是一項不可能的任務：「我應該選哪個牌子？」每個包裝上都有用來說服你的詳細資訊，價格也很重要，或者說生物降解等級等。每個人都有自己的購買動機。

讓我們從理論開始吧。貓咪是北非草原貓的後裔。我們在那個地方可以找到什麼？沒錯，就是細沙。綜觀事實來看，貓咪的爪子出奇地敏感，且是牠們的第六感，這使得貓砂盆中的墊料尤其重要。

事實——這也是為什麼兒童沙坑那麼受街坊貓咪的歡迎。因為這裡面含有細沙，會使貓咪的爪子感覺舒適，讓牠們能夠好好地把糞便埋起來。

然而是什麼驅使貓咪選擇某種特定類型的墊料呢？與沙漠沙愈相似的沙子貓咪就愈喜歡。實際上來看，這種細貓砂的聚集效果更好，且不會增加異味。

貓咪是否在混合著細沙和嬰兒香的貓砂盆上廁所並非重點；貓砂的成分才是關鍵。

小訣竅──在我的實際經驗中，我目睹的多數貓咪所造成的房屋髒亂問題，是因為使用了木質顆粒或其他粗糙厚顆粒（矽酸鹽、白堊、石英）讓貓咪上廁所而導致。當然，貓砂盆的各方面都很重要，但如果你的貓咪偶爾會在盆外大小便的話，那就要將這點納入考量。

「請務必在家中各處擺放磨爪資源以
供貓咪使用。這是牠們釋放壓力的最
重要管道。」

安娜琳‧布魯（Anneleen Bru）

磨爪

磨爪的貓咪

貓咪會因為許多不同的原因而磨爪。所以，最好在其地盤內的三個區域中，各別提供磨爪的機會給貓咪。我常常對客戶這樣講：「必須要讓你的貓在家中各個區域，都能看到可以磨爪的好地點。」這也適用於躲藏地點，但這會在後面的章節中做更詳細的說明。

貓咪核心區域中，睡覺地點附近是牠習慣磨趾甲的地方。貓咪的爪子由內向外生長。因此磨爪可以幫助牠們脫落甲套（sheath），並維持爪子的健康與銳利度。客廳裡的大型垂直貓抓柱就很適合做這件事。請務必確保這些磨爪地點有一定的高度，好讓貓可以完全伸展開來。此外，也請確認貓抓柱夠堅固，因為通常過一段時間後，它們就會變得搖晃不穩。

在牠的生活範圍內，貓咪很可能會透過磨爪來分泌氣味，以讓自己的環境容易識別，同時，因不熟悉的事物或環境中不信任的事物所造成的壓力，牠也會透過磨爪來釋放。雖然貓咪不一定會去抓那些東西本身，但能在該物品附近磨爪，是種釋放壓力的重要管道。因此，如果家裡或街坊有陌生貓咪，則磨爪的需求就會增加，且需要許多磨爪機會。這是因為有著更多的陌生氣味，也多了更多緊張的時刻。

在貓咪地盤中的這部分提供足夠的磨爪空間，讓貓咪可以釋放自己的壓力，避免壓力與緊張的累積，否則將導致不良行為，如噴尿（清晰的壓力訊號）。

這使得在預防噴尿的任何計畫中，鼓勵磨爪行為都成為重要的部分，因為這能釋放壓力，並讓貓咪有機會分泌費洛蒙和應對所處環境。

在實際經驗中，我發現到貓咪偏好在水平面上磨爪以釋放壓力。此外，科學研究指出貓咪偏好在平坦、波浪狀的表面上磨爪。現在市面上許多牌子都有販售磨爪用的波浪形物品，這種家具的寬度適中，不僅可供貓咪磨爪，也很容易放置。

	核心區域	生活範圍	狩獵區域
貓爪護理	•		
背部伸展（睡覺後）	•		
留下磨爪抓痕（視覺標誌）		•	•
分泌費洛蒙		•	•
釋放壓力	•（處於危險時）	•	•
吸引注意力	•	•	

「貓咪真的會想說：『如果我看不到你，你就看不到我。』所以黃金法則就是：『如果你無法和貓咪的眼睛對視，那就假裝牠不存在吧。』和你家貓咪一起創造奇蹟！」

安娜琳‧布魯（Anneleen Bru）

躲藏地點

看看貓咪往哪裡跳

貓咪是攀爬者眾所皆知。牠們喜歡站在高處，觀察四周。貓咪所感知到的是個 3D 世界。高處對牠們來說，就像是家中的附設「公寓」；牠們可以把這個地方當成生活範圍或核心區域來使用。

出於本能，牠們不僅想要觀望四周（這對牠們來講很重要）；也想棲息於高點，以便保持自身安全，不論是在預期捕食者或實際捕食者存在時皆是如此。

比起和威脅者站在同一水平，從高處觀察威脅讓貓咪的壓力較小。不管牠們有沒有真的使用那個地點，只要高處存在，就能讓牠們產生安定感。「因為，如果有什麼事情發生的話，我就能逃到那邊去，就在那個地方或其上方。」

但實際狀況到底是怎樣呢？多年來，我拜訪過無數的貓奴，而他們房子裡裡外外的每一寸高處都堆滿了垃圾（查看一下你家）。貓咪要不是無法使用（廚房櫃檯、餐桌、咖啡桌、沙發等），就是在進出方面很難預測（有時堆著東西、有時沒有、有時能讓貓咪過去、有時卻又不行……）。

因此，除了角落的某處放置放一個貓抓柱以外，貓咪環境中的高處通常無法保持可用性及可靠性。

實際練習——拿一個大型洗衣籃或箱子，清空客廳內所有的高處（櫥櫃、貨架空間、衣櫃裡的架子、梳妝台、茶几內外物品等）。在六週內保持這些地點的整潔，並觀察你的貓咪喜歡使用哪一個地點。同時放上絨毛毯、點心和玩具作為記號。

此外也要設置額外輔助工具，例如小台階、架子夾層櫃、堆疊式箱子或貓跳台，以方便使用。這對較年長的貓咪，以及較容易被嚇到的貓咪會很有幫助。

注視與視覺阻礙物

「注視」是種在貓咪想從遠距離嚇退威脅時，會使用的自我防衛方式。身為獨行獵人，不受傷是很重要的事情。所以不難理解牠們喜歡從遠距離解決問題。兩隻相互「對望（注視）」的貓咪，通常是真的起爭執了。這是一般貓奴會沒有注意到的衝突。

在我們腦中建立這種觀念後，最好在家裡盡可能多地打造出視覺阻礙物，讓貓咪可以躲在其後，無形地避開威脅情況。可以說，無知就是種幸福。

因為貓咪總是認為：「如果我看不到你，你就看不到我。」記得嗎？就算貓咪的尾巴或背部從桌腳後面露出來，貓咪還是會覺得你看不到牠們。

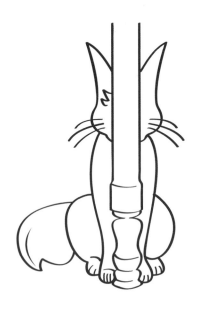

所以説，關於貓咪的躲藏處，以下是一些重要且有幫助的訣竅！

永遠別直視貓咪的眼睛。

總是移開並將視線下放，讓貓咪知道一切都很好。

如果你看不到貓咪的眼睛，那牠肯定也看不到你，就假裝牠不存在吧。

在安全及不安全的地點，都放置有著多重入口的紙箱，讓貓咪永遠都可以立即躲起來，並使用其他方式來趕跑敵人。

你家裡有落地窗嗎？使用柔軟、可拆式的單色不透明箔紙來包覆其底部。從地板開始著手。通常用一捲的寬度就夠了，因為這樣就已達到貓咪可以透過窗戶看到彼此的高度。在窗戶貼上箔紙可能不是最美觀的解決方案，但絕對是最好、最便宜的方式。你的貓咪可是會非常感謝你呢。

因為即使你很少看到鄰居家的貓出現在你家花園，但這些貓可是很清楚你到底在不在家，而且會很耐心地等到你離開後才跳下來。這樣一來，光靠拉上窗簾就不夠了，因為這是無法預測的狀況。

實際練習——使用三個約 12 X 16 英寸（30 X 40 公分）的紙箱，在箱子的三面做出能讓貓咪穿過去的洞口。貓咪喜歡從底部往上挖出類似半圓形的「狹隘洞口」。請將紙箱放在家中三個重要通道或開放地點，用六週的時間來測試貓咪是否有使用它們。

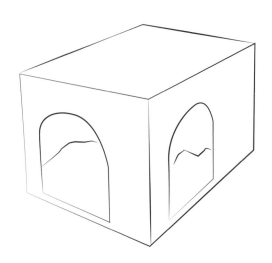

那麼睡覺地點呢？

當貓奴問我對貓來講最佳的睡覺地點是哪裡，我都會建議他們讓貓自己做決定。這是因為，貓咪會根據安全性、方便性，以及領域當時狀況來選擇自己睡覺的地方。

小訣竅——如果你還是想買貓咪床，請確保床有多個進出口，好讓貓咪知道有超過一個以上的出口可以用來逃出，同時也能對多個方向保持警戒。

觀察貓咪喜歡在哪裡睡覺，並在那個地方放置絨毛毯。這不是為了你的貓，因為牠們沒有毯子也能睡覺，主要是用來提醒你自己，別把貓咪喜歡的睡覺地點弄亂，害它變得不便使用且不可預測。你能為貓咪及其睡覺地點做的最棒的事情，就是當貓咪在牠選擇的地點睡著或休息時，完全無視牠們的存在。

小訣竅——貓咪喜歡在垂直、水平或垂掛（帶點凹度）面上睡覺。很多貓床其實都是狗床，只是在裡面加上一個脊狀物和凸面軟墊而已。這些床並非「懸掛式」——這點很不同。貓咪不喜歡在這些凸狀面上睡覺。

假裝自己在睡覺。

在大型團體（收容所、繁殖場、貓咪旅館）中，通常當貓咪受到壓力和可用資源缺乏所影響時，有時會出現「裝睡貓」的狀態。

讓牠們應付這些狀況的唯一方式，就是假裝自己在睡覺。「裝睡」是逃脫的最後一個方式。

如果沒有這個背景知識，就會覺得貓咪好像花很多時間來睡覺，但其實牠們睡到進入快速動眼期睡眠（REM）狀態的時間很少。

而這正是睡眠階段中你用來做夢的部分（雖然仍未有證明指出貓會做夢），好讓身體能去處理一整天所經歷的事情。

如果貓咪是在裝睡，實際上睡得很少的話，這種情況將會嚴重傷害牠們的身心健康。

小訣竅——你可以透過打響指來觀察貓咪的反應，以測試牠是不是在睡覺。耳朵有反應嗎？如果有的話，就說明貓咪睡得不深。當貓咪處於快速動眼期睡眠時，也會出現快速顫動的情況，「就好像牠們在夢裡面追老鼠一樣」。

事實——你能從貓咪的姿勢，分辨出牠是裝睡還是真的深度睡眠。如果是裝睡，貓咪會蹲坐著，眼睛閉上、耳朵翻轉、鬍鬚緊貼著臉頰。

陷入深度睡眠的貓咪會貼著側身或背部睡覺，且耳朵會朝前方，偶爾會出現小顫動的狀況，這表示牠們處於快速動眼期睡眠階段。

千萬不要打擾沉睡的貓咪。這會導致牠們很不安。因為動物睡著時會很脆弱。

豐富
貓咪生活

「貓咪對狩獵的需求，與牠的飢餓程度並不成正比。貓咪就是需要狩獵，如果你不能鼓勵這種天性，牠們就會尋求其他方式。」

安娜琳·布魯（Anneleen Bru）

狩獵行為

貓咪生來就是獨行獵人。這表示在取得食物這方面，牠們完全能自給自足。

牠們的獨行狩獵行為完美發展出了超能力，比如優良的聽力、非凡的嗅覺、銳利且敏捷的爪子，以及一副全副武裝的身體，讓牠們能從環境中取得訊息。

貓咪的狩獵本能與其飢餓感不成正比。這代表不管牠們餓不餓，都覺得自己必須要狩獵才行。當然，在牠們的狩獵行為和飢餓感之間存在著某種關聯；貓咪飢餓時，會進行更多狩獵活動，並試著捕捉到更多獵物。但就算貓咪不餓，那種對狩獵的渴望——狩獵本能——仍然存在著。

貓咪是機會主義獵人。因此只要機會出現，牠們就會狩獵。牠們的本能可比自己以為的更強烈。

研究指出，當牠們發現第二隻可捕捉的獵物時，牠們會放下已經倒臥的第一隻獵物！捕捉第二隻獵物的好處，大過於緊抓著第一隻獵物的風險。這增加了使食物充足的機會，甚至可能一次捕獲兩隻。

小訣竅——由於貓咪的狩獵本能比自己以為的還強，在跟牠們玩耍時，一定要注意不要讓貓咪玩到精疲力竭。因為牠們無法感覺到「夠了」並離開。那和牠們的自然本能完全不符。只要獵物還在移動，牠們就會繼續追下去。如果貓咪開始喘氣，那就表示你做得太超過了。你要避免這種情況發生才行。

禮物？

貓咪會在其領域內的狩獵區域和生活範圍內進行狩獵，但偏好在核心區域的安全環境中吃掉獵物。這就是為什麼，你可能會看到貓咪帶著玩具、點心或獵物走進其他房間，或是把牠在外面捕獲的獵物帶回家裡，甚至是把死掉的獵物放在門口的地墊上。貓咪沒吃掉獵物的原因是牠們不餓。畢竟身為有責任感的貓奴，我們提供大量的食物和零食給貓咪吃了，對吧？

事實——貓咪把死老鼠放在家裡，並不是當成禮物給你。而是把獵物帶回自己的核心區域，因為那裡通常是牠們能安心享用獵物的地點。以前我們認為，貓咪帶回獵物是母性行為的一種形式，也就是說，貓咪將死掉或垂死的獵物帶回核心區域給你，就像媽媽想教會幼貓狩獵那樣。牠不是要送禮給你，也不是要向你展示捕捉到的獵物。如大家所見，人們對此現象有諸多看法。

平均來講，一隻吃得很好的家貓每天會花約五小時來狩獵。
這個過程相當長，包括尋找、注視、監視、跟蹤、猛撲、咬、
撕掉皮膚／毛髮，最終將獵物吃掉。

小訣竅——我們每天都要激勵貓咪進行狩獵行為（提供可自行移動
的物品，讓貓咪能去偵查、追趕、捕捉、舔、咬和踢它），這是豐
富貓咪生活，以增加及維持其幸福感的正確方向第一步。

貓咪的時間表很有彈性，與其地盤內的可捕捉獵物有關。
因此牠們通常會在清晨黎明時分及夜晚黃昏時分活動，且
夏季時多在晚間進行狩獵，冬季時則多在白天狩獵。

如同我們在先前章節中廣泛提到的那樣，貓咪並不在意玩
具或獵物是什麼顏色（但背景給予的對比色卻很重要）。

寵物店通常會販售各種形狀和大小的繽紛玩具，因為這樣
的東西能吸引人們的注意！

對貓咪而言，重要的元素包括嗅覺、移動、潛在獵物的聲
響，以及成功完成狩獵。

「貓咪並不懶惰；只是你還沒找到
牠們真心喜歡玩的事物。你必須多
做點功課找出答案。」

安娜琳・布魯（Anneleen Bru）

遊戲類型

我們應該了解並納入考量的貓咪遊戲類型有三種。貓咪是喜歡接受挑戰的機會主義獵人。

社交遊戲

貓咪們一起玩打鬧遊戲時，是藉著遊玩的過程，來為「實際」情況做準備，比如打架和狩獵。遊玩被視為接納行為（affiliative behaviour）的類型之一，且在貓咪的一生中都可觀察到。這在年幼的貓咪身上最為常見，而較善於交際的貓咪可能會加入社交遊戲，甚至也會發生在罕見的情況下，比如未結紮的公貓遇到食物短缺時。在這種情況下，「遊戲」似乎沒有進化空間。儘管如此，研究員們認為這種遊戲仍然發生，必有其潛在原因。

玩耍對貓咪的幸福感有益，不但能釋放能量，也能強化貓咪與其他貓咪之間的社會關係。

運動遊戲

運動遊戲指的是與環境互動玩耍。跳躍、攀爬、磨爪以及走動等，都是與環境互動的例子，且對貓咪及其健康有益。飼主們經常說自家貓咪有「瘋狂五分鐘」的行為，也就是像個瘋子一樣在家裡跑來跑去。這就是運動遊戲中的好例子。因此，請確保你的貓咪有足夠的空間和機會來做這件事，並能做出這類型的行為。這對貓咪和牠們的幸福感來講都很重要。

> 小訣竅——你可以透過與「捕食遊戲」的結合，來激勵貓咪進行運動遊戲。使用逗貓棒、纈草玩具，或在該處擺放健康的零食，誘導貓咪跳出不同高度，以釋放額外的能量。

捕食遊戲

想當然，這是最廣為人知的遊戲類型，但卻還是經常被貓奴們給低估，且開發度也不足。你在商店內找到的玩具，通常無法符合貓咪的實際喜好，且無法滿足釋放牠們能量的需求。舉個例子，即便你的貓根本不在意玩具的形狀或顏色，但製造商還是會用這點來吸引我們購買。就像之前提到的，貓咪最在意的是玩具的氣味（是合成物，還是以有機或動物性材料所製成）、玩具所發出的聲響（震顫），以及玩具是否會動（玩具會不會像獵物試圖逃跑那樣遠離貓咪）。

對大多數貓咪而言，躺在地上毫不動彈的小型紅色合成老鼠一點也不有趣，甚至可能讓牠們覺得很失望。因為靜止的獵物違反了貓咪狩獵時所需的一切。有些貓會試著想讓「死掉」的玩具動起來，這點很值得稱讚沒錯，但從行為學的角度來看卻很讓人難過。

我們也不會去看無聊的電視節目，不是嗎？

這造成的結果，就是很多人以為自己的貓咪不喜歡玩耍、被寵壞了、很難搞，或者覺得牠們很懶惰。但其實每隻貓咪心中都藏著一個獵人！你只要知道怎麼把它找出來就行了。為了做到這點，你必須嘗試、嘗試、再嘗試！

「捕食遊戲行為」本身又分為三個階段：

1)　　狩獵獵物（移動觸發）
2)　　削弱並咬死獵物（氣味觸發）
3)　　吃掉獵物（食物）

要找出你的貓咪最喜愛哪個階段，重點在於讓貓咪去探索「捕食遊戲行為」中的所有階段。

有些貓咪容易被移動的獵物觸發，有些貓咪則需要嗅聞玩具來觸發牠們動作。也有些比較喜歡移動獵物的貓咪，會明確展現出對鳥類（羽毛、拍翅聲、空中）、而非老鼠（軟毛、爬行、地面）的偏好。還有些貓咪喜歡的，是在視線高度內飛走的小昆蟲。

第一項「移動」階段有許多變化形，你可以在不同時期進行嘗試，找出對你家貓咪最有效的觸發物。

令人難過的是，大多數貓咪不曾有機會找出自己真正的狩獵喜好，因為貓奴們沒有去嘗試一些事物，或者沒有去了解貓咪狩獵本能的根源。希望本章節將會改變這點。你現在能理解為何有許多貓咪都那麼「懶惰」，或看起來很懶惰了嗎？

家庭作業——找出不同類型的動物性材料，比如軟毛、羽毛或羊毛（取得的方式須符合社會責任），並測試不同的尺寸和氣味。你家貓咪最喜歡的是哪一種呢？

「貓咪們會經歷獵物常態化，意思是，牠們覺得這個獵物已經『殺過了』，就不會再去玩了。所以請把家裡的客廳整理好吧。」

安娜琳・布魯（Anneleen Bru）

豐富
貓咪生活

豐富貓咪生活

「豐富」是指激勵動物的自然行為。首先這涵蓋了所有行為，包括吃飯、喝水、上廁所、躲藏地點等。這表示你可以激發各種行為形式。

在本章節中，我們要討論的是，我們做某件事以激發貓咪自然狩獵行為的方式及原因。

未受激發的貓咪在狩獵行為方面會出現諸多問題，比如無精打采、社交緊張、肥胖症、沮喪情緒，及各種不良行為—— 如攀爬窗簾、磨爪、攻擊主人、尾隨並攻擊其他貓咪、過度磨爪、噴尿、恐懼行為，甚至導致房屋髒亂問題。

因此，提供狩獵豐富度在治療的情境中固然重要，但這同時也是預防不良行為的工具。

狩獵時的實際訊息

貓咪在狩獵時喜歡躲藏和磨爪（為了釋放興奮）。這是牠們用來釋出壓力的一種方式，因為狩獵過程對牠們身體的要求相當高。也因此，狩獵所需的警覺度如同貓咪感官系統的大爆發。在這種情況下，牠喜歡坐在箱子裡或椅子下，並希望附近能有個紙製磨爪板。

此外，貓咪還會經歷感官性「獵物習慣化」（prey habituation）。意思是如果遇到地上垂死的獵物，牠們會將其視為自己最近殺掉的物體。因此會本能地認為事情不對（難道我的攻擊沒成功嗎？），並忽略該獵物。貓咪喜歡新奇的事物。

既然我們知道了這點，那麼玩具經常躺在客廳地板上的情況，就變得很搞笑了。對人類來說，這簡直是一團亂，而貓咪出於「獵物習慣化」這個原因，也幾乎不會去玩玩具。通常家裡還會有個裝著玩具的箱子，「好讓貓咪去選擇自己想玩的玩具」。

這對小孩或狗狗來講可能有用，但肯定不適合貓咪。因為貓咪希望被新事物（一點小改變就足夠）和「自發性」移動的物品所觸發，那種不需要動它就會自行移動的物品。

小訣竅──用箱子把玩具裝起來，再從裡面拿出玩具給貓咪玩，這樣就能交替使用那些玩具了。而你的貓咪也會將玩具當成新的獵物。貓咪玩完玩具了嗎？那麼請把玩具拿走，放回玩具箱裡，只留幾個玩具放置在家裡其他地方。這是讓牠們繼續狩獵的有趣方式，尤其當你不在家或睡著時更是如此。透過充分交替使用的方式，即便是相同的玩具，還是能讓貓覺得自己不斷遇見新獵物。

獨行獵人！

我們不斷地強調貓咪是獨行獵人這一事實。所以讓牠們自己玩耍的意思，就是讓牠們完全自主。貓咪不需要彼此就能捕捉獵物。就是這麼簡單。

貓奴經常和一群貓咪一起玩，而在貓群中，會去追捕獵物的通常是自信最強的貓咪（並非最有「統治地位」的貓，因為貓咪的世界裡沒有「統治」的概念，記得嗎？），其他貓咪則會遠遠觀望，就像壁花一樣，因為牠們不想和別人起衝突。

事實上，所有貓咪都想要追捕獵物，但卻沒有機會這麼做。結果貓奴以為自己和貓咪的玩耍時間很充足，所以貓咪不想再玩了。然而真相卻是，這些貓咪的玩耍程度不夠，甚至是被剝奪了。

在我的實際經驗中，我以簡單的表述法來說明貓咪的狩獵階段。這個表述法讓我們知道如何激勵每個部份，從而讓貓咪展現自己的直覺天性。

追捕	獵殺	後續處理
○ 坐著等待	○ 使用後腿來扒某物	○ 吃掉
○ 探索	○ 撕咬獵物	○ 掩埋
○ 調查環境	○ 舔獵物	
○ 觀望 / 注視	○ 放掉獵物並再次追捕	
○ 尋找獵物		
○ 追捕獵物	○ 把獵物丟到空中	

這三個階段可以再細分為三種豐富化類型：狩獵豐富化、嗅覺豐富化及食物豐富化

狩獵豐富化

在第一個階段中，我們透過移動來刺激貓咪，強調狩獵本身而非捕捉獵物。

因此，長逗貓棒是個好選擇（約 1 公尺長），因為這可以防止貓咪發現是你在控制玩具。要讓貓咪能追捕某物並進

行狩獵才行。你必須對此做些測試，因為每隻貓咪都有自己的偏好，而且一生中都會有所變更。

有些貓咪喜歡地面上的移動獵物；有些則喜歡空中的獵物。A貓可能喜歡鳥類，而B貓喜歡小昆蟲或老鼠形狀物品。有些貓咪喜歡像是髮帶或假蜘蛛等物，有些貓咪則喜歡追捕大型獵物。試著找出你家貓咪的喜好，並在牠的貓生中不斷測試吧。

在這邊，獵物的結構也很重要。貓咪們比較喜歡活著的獵物，所以請盡可能使用逼真材質來試試看；包括絨毛玩具、人造軟毛及動物性材料（例如來自在路上遭車子撞死的動物）。

購入絨毛玩具時，請確保其取得方式符合生態學及社會責任。這會增加該材料出自於流浪動物身上的機會。也就表示這些動物並非專門被繁殖、飼養並殺害以製成貓玩具。

小訣竅——「Purrs」販售的玩具都是手工製作，並提供各式各樣的動物原料——比如綿羊毛、水牛毛、野兔毛及羽毛——讓你可以進行測試，你也可以選擇將其與縭草組合使用。這種逗貓棒模擬出真實拍動翅膀的鳥類，還會發出聲音呢。你準備好使用它們來逗你家貓咪了嗎？看自家貓咪跳來跳去玩耍可是超美妙的喔！

www.purrsinourhearts.co.uk

氣味豐富化

在第二狩獵階段中，貓咪開始「耙」東西，牠們會側躺著，使用前爪抓住獵物，再用後腿去耙獵物，同時也會一邊舔咬著獵物。

這除了是狩獵行為本能外，對釋放貓咪的壓力也很重要，我們可以使用氣味來激發這種行為。

最廣為人知的貓咪嗅覺強化方式就是使用貓薄荷。它具有提振精神的效果，但經常被高估使用。這是因為，貓咪是否會對其做出反應和基因有關。有 50~70% 的貓咪會對它有所反應；但其他貓咪卻不會。可惜的是，寵物店內幾乎所有玩具都用上了貓薄荷，好讓它們看起來「更有趣」些。但這只對約半數的貓咪有用。

小訣竅——務必使用美國或加拿大進口的貓薄荷。它們有著最佳的品質。

纈草為適用於貓咪的最佳商品。尤其是處於困難時期的貓咪更是能從中獲益。這是因為貓咪的壓力值會決定牠的反應強度。乾燥纈草根能在貓咪玩耍時達到激發的效果。但在隨後的幾小時內，它對貓咪具有鎮靜的效用，同時也會提高貓咪的抗壓性。

小訣竅——每天在不同的玩具上使用纈草，尤其是在需要額外激發的貓咪身上更加適用，比如住在公寓的貓、受驚的貓以及噴尿的貓。此外，自己動手做纈草玩具也很容易。只要在小襪子裡填入 10 克的纈草（可在網路購買，或在健康食品店購買會更好）、衛生紙或棉花，並將襪子打結綁好就行了。

在貓咪使用完以後，請務必將混有纈草的玩具墊拿走。換上別的玩具，並將其放置在屋子裡的其他地點，好讓貓咪看到時能有驚喜感。「天啊！是獵物耶！」主要在你外出或睡覺時提供玩具。

小訣竅——請把家裡所有的老鼠玩具和球狀玩具收納在適當的密封罐中，並在罐子裡加入 100 克的乾燥纈草根和 / 或貓薄荷。這將能持續增強玩具上的氣味。

食物豐富化

如先前所述，讓貓咪自己去努力取得食物是必須要做的事。你可以透過許多不同的方式和程度，來建立並測試食物的豐富度。

我們可以把食物豐富度分為固定和隨機地點。在固定吃飯點上，請使用「n+1」規則，且永遠都要把裝滿餅乾的餐碗放在相同位置。

而這些食物資源對貓咪而言必須是可預測的。

與此相關的例子有「防噎碗」或稱「慢食碗」，以及「思考玩具」，讓貓咪可以用爪子和頭腦去取得食物。你也能使用原先並非拿來裝食物，但卻完美適用的物品。

「隨機地點」則是額外提供的吃飯機會，舉例來講，當你不在時也能提供貓咪額外的鼓勵。像是裝蛋盒、衛生紙滾筒這樣的自製食物玩具，既有趣又便宜！

此外，我們也是滾球餵食器的測試愛好者！但可不是所有市場上的物品都適合貓咪使用。很多球體太重了，因為牠們本來是要給狗狗使用的，球體上只會有一個洞，這樣會讓貓咪很沮喪，而且在地面上滾動時，它的凸起部分或螺栓也會製造出過多的噪音。

小訣竅──美國 PetSafe Slimcat 餵食器
絕對是大家最喜愛的產品，歷久不衰！

「你的貓咪並不懶惰，只是你和牠
玩的方式不對。」

安娜琳‧布魯（Anneleen Bru）

玩耍時
的注意事項

（禁止）的玩耍事項

○ 每天玩耍。

○ 玩到貓氣喘吁吁才停止。

○ 只嘗試某物一次，就早早得出錯誤結論。

○ 用手、手指、腳趾和 / 或腳陪玩。

○ 讓貓咪自己去讓某物動起來。

○ 把玩具乾擺在地板上。

○ 下定結論覺得自家貓咪不喜歡玩耍。

○ 提供的物品變化太少 / 不夠新穎。

○ 使用貓咪無法捕捉、會導致貓咪沮喪的玩具（比如雷射筆、
iPad 的遊戲）。

○ 僅激發狩獵的其中一個階段。

○ 只激發一種玩耍類型。

○ 同時陪好幾隻貓咪一起玩耍。

（可行）的玩耍事項

- 每天激發三到五次狩獵本能——每次幾分鐘就夠了！
- 激發三種不同的狩獵階段（玩耍、氣味、食物），並找出貓咪比較喜歡哪個階段（注意，喜愛會隨時間而有所變動）。
- 只和一隻貓咪單獨玩耍，不包括其他貓咪（獨行獵人）。
- 別讓貓咪玩到精疲力竭。因為狩獵的衝動會超出貓的自制範圍。
- 在頻率、新穎程度、地點和強度上做各種變化。
- 移動性和氣味（草藥、動物性材料、源於大自然的物品）都很重要。
- 別把獵物乾擺在地上。
- 在你和貓咪間建立距離，這樣你就不會擋到貓咪或不小心受傷，而且貓咪可以在不受干擾的情況下做自己的事。
- 不要一直鼓勵貓咪。狩獵遊戲是要讓貓咪自己去做的事（獨行獵人），因此人類與動物之間不一定總是要有共享時刻。
- 有些貓咪有完成完整狩獵過程的需求，且其中涵蓋狩獵三階段。如果你家貓咪是這樣的話，請提供上面染有動物氣味的獵物，讓貓咪可以扒它，和 / 或在狩獵遊戲結束時，給貓咪吃一些點心。
- 把貓咪貼上「懶惰」的標籤時可要注意！所有貓咪都必須有能力進行狩獵，畢竟牠們都擁有相同的天生狩獵本能。有些貓咪比起其他貓咪更加兇猛，因此牠們所需的狩獵機會也會有差異。

增進
你與貓咪
的關係

「我們表達愛意的方式對貓來說極有
威脅性。在大自然環境裡，如果有大型
生物邊看著你邊逼近，那你最好要趕快
邁步離開！」

安娜琳・布魯（Anneleen Bru）

表達情感

貓咪與人類間的差異

在向彼此表達情感的方面，貓咪與人類有著完全不同的方式。透過了解其中的差異，我們就能去適應並增進與自家貓咪的關係。這樣貓咪就會覺得更安心，並會尋求更多的接觸。對雙方而言都很有趣，對吧？

貓咪（通常）不喜歡的情感表達方式包括？

- 擁抱
- 被抱起來
- 被當成嬰兒一樣抱著
- 撫摸
- 親吻
- 和貓咪説話
- 尋找並接近貓咪
- 安慰貓咪
- 把貓放在你的腿上並持續一段時間

貓咪在表達情感，卻（經常）被貓奴們誤解的方式包括？

- 假噴尿（抖動尾巴但沒有尿液）
- 打招呼時把屁股或臀部展現出來
- 靠近貓奴
- 豎起尾巴打招呼
- 緩緩地眨動雙眼
- 緩慢地搖尾巴
- 把肚子露出來（社交翻滾）
- 輕咬 / 細微的咬（注意，這也有可能表示不開心）
- 發出呼嚕聲或鳴叫聲

如果我們用不同的角度來看事情，就能發現實際狀況中有很多誤解，這其實能透過更多了解來簡單且快速地解決。很喜歡一直看著貓咪的飼主們經常會想，自己要做些什麼，才能讓貓咪更常看他們呢？

此外，有些喜歡待在飼主身邊的貓咪，即使牠們是在尋求飼主的關注，有時也會出現緊張情緒，或表現出攻擊行為，比如在被撫摸時會出手打人。

讓我們來討論幾項例子，這些都是許多貓奴們較容易分辨的情況。

貓咪會用展示屁股來表達自己的情感。在牠們的世界裡，這是種無威脅行為，可以表達自己的信任，並邀請人們關注。這就是為什麼在我們真的沒時間，並希望貓咪讓我們獨處時，反倒經常成功地和貓建立關係，比如趕著完成工作或者看報紙的時候。忽略貓咪這件事，用貓咪的語言來看，其實是在告訴貓咪「我們想看牠」並且「想抱抱牠」。這也是為什麼有些不喜歡貓咪的人，卻總能吸引貓咪的注意。

他們故意無視以遠離貓咪的行為，反而導致貓咪喜歡和這些人坐在一起或抱抱。他們展現的正好就是貓咪覺得友善、邀請且安全的行為（無視、不給予關注、不撫摸）。

貓咪那深深烙印在身體裡的本能告訴牠們，在大自然中，大型動物會睜大眼睛靠近牠們（當人類在想事情，比如覺得寵物或嬰兒很可愛時，就會這樣做），此時最好的做法就是避開牠們，並盡可能離得愈遠愈好。

跟其他所有動物以及小朋友一樣，貓咪真的會認為：「如果我看不到你，那你就看不到我。」通常，當我們無法和貓正眼對視時，很有可能是牠們藏起來，並以為這樣我們就看不到牠們了。

因此，每次只要把貓咪找出來、呼喚牠，或在沒有視線交流的情況下撫摸牠，都可能會給貓咪帶來壓力。這是因為我們的行為對貓咪來講，不但非常難以預測，而且還很無預警，畢竟牠們認為我們不知道牠在哪裡。

「不論你有多了解自己的貓咪，在撫摸牠之前，
請記得先伸出手讓牠聞一聞。永遠都要這麼做！」

安娜琳‧布魯（Anneleen Bru）

和貓咪
打交道

對貓咪來講，過多的愛並非好事

貓咪是種自由的動物，牠們極度重視對自身處境的控制權，這點也適用於牠們的身體。

在實際情況中，我們看過那種任憑家人怎麼摸都可以的小貓咪，其實牠們是從這過程中認識到了無助感，當然這取決於貓咪與人類之間的社會化程度。而這也表示，牠們在多年來已經學到，不管做什麼都無法反抗，所以只好屈服於經驗之下。

這種無助感主要發生在經常被抱起來、被當成嬰兒來抱，或在睡覺、休息時被找到的貓咪身上。牠們沒什麼反應不代表牠們接受這件事——反而正好相反。這時的貓咪其實也承受著身體壓力，但卻沒有辦法抵抗而已。

身為一名貓奴，很重要的是要了解這點。為了提升貓咪的幸福感，就要加強人們的理解度。強迫自己的貓咪像嬰兒一樣靜躺著，其實會帶給貓咪強烈的不安感，即便我們看不到那種不安感。而這種不安感將導致極大的恐懼感，最終就演變成不良行為。

事實——強迫自己的貓咪像嬰兒一樣靜躺著，其實會帶給貓咪強烈的不安感。

增進你與貓咪的關係

我們將要討論一種通用技巧，我深信所有貓咪都會有正向體驗——不論快樂貓或恐懼貓、幼貓或年長貓咪都是——因為這讓貓咪能選擇與主人之間建立安穩交流。而我們在實際情況中也取得了驚人成果。

建立與貓咪之間的交流

你不僅能對自家貓咪使用這個技巧，也能用在你不認識的貓咪身上。並不是只有自己養的貓跟你比較熟，所以才值得受到禮貌對待與問候。

> 小訣竅—— 在緊張不安或缺乏自信貓咪身上，使用這項技巧長達四週，透過在貓咪的經驗中建立可預測性，你將發現到重大的改善。努力調整自己的行為，用在看上去很快樂的貓咪身上也絕對值得，還能藉此看看牠們的反應。試試看吧！

1. 把手伸到距離自己身體 8 英寸（約 20.3 公分）的位置。這個動作能邀請貓咪仔細地去聞你的味道。大多貓咪都會真心喜歡這種邀請，並很快地靠近你。

2. 在貓咪聞你的手之後，將會出現三種可能的結果。了解這三種結果，並做出恰當的回應可是很重要的！

情況 A ──貓咪聞了你的手之後，用下巴側邊磨蹭你的手。接著牠轉向 90°，展現出自己的側面或屁股。這時你就能和貓咪建立交流了。最好的方式是輕輕地摸一摸貓咪的下巴、嘴巴周圍或者耳朵後方。請不要去碰觸貓咪身體的其他部位，除非你非常確定貓咪享受其中──比如動物在幼年期就高度社會化。

情況 B ──貓咪聞了你的手，但卻保持著幾公分的距離。牠沒有磨蹭你的手，但也沒有走掉。此為情況不是很好的第一訊號。這時千萬別碰貓咪，但你可以透過緩緩垂下雙眼（眨眨雙眼），並輕柔地與貓説話來和貓咪來建立交流。

情況 C ──貓咪聞你的手之後就看向別的地方或者走掉。這時請別觸摸貓咪，讓牠獨處吧。我們建議也不要和牠説話。這時的貓咪對自己聞到的氣味感到不適，我們要尊重這點才行。

3. 在建立交流時請記得這麼做，你將發現貓咪會學到，牠們能去預測身為主人、訪客、照顧者的你，並了解自己在這種情況下能有所選擇。

貓咪會很感謝你做這件事，並且（想）更常建立交流。

「怎麼才能讓你的貓喜歡待在你身邊呢？無視牠吧。沒錯，就是無視牠——當作牠不存在。」

安娜琳·布魯（Anneleen Bru）

無視、
無視、
再無視！

無視的意思就是什麼也別做；別給貓任何一絲的關注。說起來很簡單，但做起來卻很難！難就難在，我們怎麼可能不去摸這些毛茸茸的小動物呢？

但無視貓咪，卻正是與你家貓咪發展出良好關係的最佳手段。讓貓咪獨處，給牠們空間去做自己的事情，能讓牠們獲得安定與自信感。這就使得貓咪會覺得自己控制了局面，並且能決定自己要不要和外物建立連結。

對很多貓奴來說，「無視」是個充滿變數的相對概念。但其實「無視」很簡單。就是「假裝貓咪不存在」，或「什麼也別做」就對了。包括不要去看貓咪、不要和牠說話、不要叫牠、不要摸牠、不要去找牠在哪裡、不要碰牠，也不要把牠抱起來等。別做任何事情；就是別對貓咪做任何事。

我們劃分出了身為主人的你可以做的兩類「無視」。

1. 被動無視

「被動無視」指的是，在地點與姿勢不變的情況下，不要透過移動視線或轉身，去把注意力放在貓身上。但我們這麼做到底是要被動地去無視什麼呢？首先，要無視的是貓咪的存在。但同時也是無視各種本能和自然行為。說起來容易做起來難。

我有個黃金法則。如果你沒辦法與貓咪對眼直視，那就假裝貓咪不存在。就是這麼簡單！你家貓咪在睡覺、躺在某個東西之下或之後、在另一處，或者牠轉身背對著你嗎？只要你無法與牠四眼相對時，都是貓咪覺得你真的看不到、也找不到牠們的時候。從這樣來看，「無視」在動物的世界裡是充滿禮貌的事情，恰好與人類的禮儀習慣和禮貌標準成對比。

此外，我們也要「被動地忽視」各種自然行為，比如探索、吃飯、喝水、狩獵、玩耍、上廁所、躲藏等。在這種時候，請假裝你的貓咪不存在。在進行這些自然行為時，你的貓咪並不需要你。假若我們沒有察覺這點並去打擾貓咪的話，就會對牠們造成極大量的壓力。

2. 主動無視

所謂「主動無視」指的是，安靜地起來，並走去別的房間，比如去喝杯咖啡或上個廁所之類的。透過把自己從狀況中移除，就給了貓咪全然放鬆的機會。

那麼我們到底要「主動無視」些什麼呢？就是所有隱約及清晰的壓力訊號。不管你在做什麼，不論是否和貓一起進行，這種時候請站起來並離開現場。你的貓會馬上鬆一口氣。

「如果貓咪在我們身邊會感到不舒服，透過再社會化訓練就能奇蹟似地對付這點。」

安娜琳・布魯（Anneleen Bru）

膽小貓咪
的放鬆訓練

訓練你的貓咪並讓牠放鬆下來

在此章節中，我們將要探討一種訓練方式，能讓膽小、害羞、輕微受驚的貓咪知道一切都很好，並且可以放下心來。由於我們雙方使用著全然不同的語言，因此這件事情並不會自動達成。多年來，我愈來愈常回過頭用這種放鬆訓練，因為這真的產生了很驚人的成果。當然，在這過程中需要用上不少耐心。

這個訓練法包括四個步驟，前兩項是建立訓練的過程，後兩項則是能在日常生活中使用的技巧。體驗過響片訓練（clicker training）的人會注意到，這裡提及的方法，其實就是簡化了能產生絕佳成果的古典和操作制約。

準備與設備

找出你家貓咪真正喜歡的東西，比如點心、鮮肉或液態甜點。確保自己能快速、輕易且有效地使用它。緊張不安的貓咪不太喜歡吃放在你手上的東西，所以請把物品放到牠們前面，或者用湯匙舀貓罐罐給牠們吃。

在訓練時，請選擇合適的地點及時間，也就是在貓咪完全放鬆的情況下進行。因此，你必須跟隨貓咪的腳步。同時你也要用聲音來輔助，比如用舌頭急促地彈兩下發出聲響。

最好是用一個貓咪不熟悉，且你以前從沒用過的聲音。還有很重要的一點是，請勿使用會嚇到貓咪的聲音。

步驟 1 —— 咔嗒聲 = 獎勵

我們要讓這個聲音成為美味貓點心的可靠預測器，賦予這聲音一種價值，讓它變成貓咪想聽到，且聽到時會感覺良好的聲音。靜靜地坐在貓咪的前面，且不要移動。請確保周遭沒有干擾。接下來，請用舌頭發出咔嗒聲，並餵貓咪吃點心。在這之中，貓咪唯一有的行為是安靜地待在你附近。這樣一來，貓咪就能清楚了解正在發生的事情，並且在每次聽到咔嗒聲時，就預期可以吃到點心。每次訓練請重複這個動作約 20 次，由於每隻貓咪各有差異，請視情況來調整，並進行每天 1~2 次的訓練。

花點時間，在咔嗒聲和餵貓吃點心之間建立起正向連結。至少花一週的時間重複步驟 1，並在貓咪給出反應的時候做出測試，比如當牠轉頭看別的地方時，你就發出咔嗒聲。假設你還沒伸手餵點心，貓咪就抬頭了，那你就知道牠開始理解了。請記得，這對貓咪來說是個無意識的過程，因此需要花點時間來完成！我們必須對此徹底編程才行。

步驟 2 ——貓咪很快樂 -> 咔嗒聲 -> 獎勵 = 你現在做得
很棒！

在步驟 2 中，請開始透過咔嗒聲（當然要加上獎賞），來
獎勵家中發生的各種優良行為。優良行為有哪些呢？也就
是身為飼主或照顧者的各位，在未來想更常看到的各種行
為；比如貓咪靜靜地朝你走來、看著你、大膽地走進來、
跳上沙發和你待在一起等。

只要在貓咪做出優良行為時，你先發出咔嗒聲並餵貓吃點
心，就等於用很清晰的語言告訴貓咪：「沒錯，做得好。
你現在做的事情跟你的感受，正是我想看到的。」且在過
程中沒有白費唇舌。

這教會貓咪，牠先前做的事情使牠得到獎勵，並導致這件
事在之後會更常發生。在理論上，這稱為「桑代克的效果
律」（Thomdike's law of effect）。其次，你在貓咪的快
樂及自信行為與咔嗒聲（總在聲響後給予獎勵）之間建立
起連結。這在隨後的階段及步驟中能派上用場。

在 3~4 週內，每天只要看到貓咪做出優良行為，請隨時重
複這個步驟。這可以讓連結在無意識層面上變得根深蒂固。

將一些裝著貓點心的罐子分布在整個房子裡，這樣不管你在哪裡，都很容易取得點心。在咔嗒聲與餵點心之間你會有點空白時間，因為你已經透過充分的訓練建立出正向連結了。但還是確保自己不用離開或走太遠就能取得點心罐。

步驟 3 ——安撫你的貓咪——「沒有危險」

從這個步驟開始，事情開始變得有趣了。你先前已經花了四週去教會貓咪，讓牠知道只要聽到咔嗒聲後放鬆下來，就能得到獎勵。你已經把這個聲音和正向感受連結在一起。現在我們要做的，就是在貓咪無來由地覺得不太安全的時候，鼓勵牠獲得正向感受。這能讓貓咪知道周圍沒有潛藏的危險，所以可以感到安心、安全，並放鬆下來。

當然，此時你的貓咪還未了解到這點。但你才要去協助引導並訓練牠。重點在於慢慢來，千萬別在貓咪重度緊張之下使用咔嗒聲。因為當壓力與緊張程度過高時，貓咪並無法把注意力放在你身上。在此階段和步驟中，關鍵在貓咪感到不安時出現隱約壓力的時刻。請注意在第三章中所提到的隱約壓力訊號。

比如貓咪走進房間，且表現出隱約壓力症狀時（如貓鬚向後壓、用舌頭舔、貓毛顫動及尾巴低垂等），請發出咔嗒聲並等待正向反應（如尾巴上移、貓咪抬頭向你走來、貓咪安靜坐著、閉上雙眼等）。

關鍵在讓貓咪聽到咔嗒聲後，先做出的是正向反應，且只有在牠展現出優良反應後，才獎勵牠吃點心。

透過以這個方式完成此階段，你就等於啟動了兩道程序。一方面是用貓咪能理解的語言，在貓咪感到不安時告訴牠：「一切都沒事。你可以放鬆下來，你很安全。」且事實的確如此，因為只有在周遭沒有危險（訪客、其他貓咪、吸塵器、梳子等）時，你才能發出咔嗒聲。

另一方面，貓咪會學到，在牠覺得不安時，只要你發出咔嗒聲，那麼這個環境就是安全的。因為這能讓貓咪安定下來，並更清楚地意識到自己身處的環境，以及環境內情況良好且安全的事實。如此一來，咔嗒聲就開始成為一道指令。在更高階的訓練情境裡，這不是我們期望的事情，但在簡單的方式中是沒問題的。

步驟 4 ——讓貓咪知道，牠們所察覺的危險其實沒事。

此為進階步驟，不是所有人都要做到這點。在這個步驟裡，你要讓貓咪知道，雖然牠正在觀察的事物看起來有點嚇人且危險（訪客、其他貓咪、新沙發等），但其實這沒關係，而且一點也不危險。

貓咪會不安地走近觀察。這時你就發出咔嗒聲，並等待正向的行為轉變，再餵牠吃點心，如同前述步驟。注意，同樣很重要的一點是，這個恐怖的情況或刺激不可以太有侵略性（換言之，就是不能太強烈）！如果有狗狗或學步幼兒朝貓走去，或者是在人滿為患的派對上，你永遠也無法說服貓咪這「沒事」或「很安全」。在這種情況裡，你的貓絕對無法放鬆下來。

因此，請從寫好劇本的情況開始吧，比如約個朋友過來，請他無視貓咪的存在，好讓你能施展這個方法。如果幾次下來狀況都不錯，下次就請你朋友在你使用這個方法時，輕聲細語地和貓咪說話。這樣一來，你就能逐步建構出來了；從和貓咪說話開始，接著是靜靜地伸出一隻手，讓貓咪聞一聞、短暫地碰觸一下貓咪、和牠玩耍等。在這步驟中千萬要慢慢來，一步步地建立一切。

這讓貓咪有機會成長，並取得成功體驗。透過使用這個方式，貓咪的抗壓性會變得更高，並且即便是在訓練課程外，當面對其生活環境及環境中的觸發點和刺激時，牠也能擁有更優質的安全感。

祝各位好運！

作者後記

終於完成這本書。在此我想表達幾個最後的想法。

我希望本書能啟發你，讓你開始以不同的角度來看自己的貓咪。不但不會感到苦惱或恐慌，甚至能以更加自信且熱忱的態度，去提升貓咪與你自身的幸福感。因為這才是最重要的事情。

從開始這份工作以後（有幸的是，我很年輕就開始做這件事），貓咪深深地使我著迷。

尤其是有著預編程本能的貓咪，居然可以在人造的人類環境中大放異彩，甚至成為二十一世紀最受歡迎的寵物，真是太不可思議了。查看 YouTube 上的影片就能知道。到底是什麼讓我們對貓如此沉迷？

也許是因為我們想變得更像貓咪？優雅、獨立、堅毅、淡然一切、投機、活在當下且享受當下？不想改變任何事物？滿足於現有事物，不受小事所擾？

對我來說，貓咪毫無疑問是我的靈魂伴侶。他們是我的導師，用自身的行為教會了我什麼是重要的事，讓我知道怎麼才能更了解自己。

動物就像鏡子；牠們反映出深烙在我們內心的情感與慾望。

我們能從牠們身上學到什麼呢？那就是隨時做好行動的準備，不論機會看起來有多傻、多渺茫。別讓自己受他人對我們的看法所影響。

對於那些對我們而言其實並不重要的事物，採取一種不浪費力氣的態度，且也無須小題大作。

牠們面對環境的絕佳適應力與靈活度（生、心理皆是），能鼓勵我們將更多時間花在創造自己的福祉上。多關注健康飲食模式、多運動，並且多玩耍、玩耍再玩耍。同時也要有充足的休息，並享受陽光下的每一刻。

貓咪是天生的企業家，每天都有著進行探索、富有感染力的慾望。牠們讓我們知道，為信念及欲望而戰是好事。

有許多和動物有關的生心理、情感福祉理論，都能直接套用在人類身上。我也遇到很多愛貓人士，會把從貓咪身上獲得的資訊，應用在自己的生活當中，進而使自己成為更快樂的人。

我希望本書能幫助各位與自家貓咪建立出最理想的關係，並讓你所飼養的每一隻貓咪都能完美適應自己的家園。

以愛敬獻，安娜琳‧布魯（Anneleen Bru）

作者簡介

安娜琳·布魯（1985）在 17 歲時，領養了自己的第一隻貓咪瑪德琳（Madeleine），牠是隻伯曼貓。那時她並不太知道，自己竟然會踏上一場輝煌冒險。在安特衛普大學傳播學系課程論文題目時，她選擇了「貓與貓之間的交流」做為主題，也因此她才發現到，每年有無數貓咪因為潛在的行為問題，而被丟到收容所裡。

於是安娜琳決定前往南安普敦（英國），並在該地完成了為期三年的「伴侶動物行為諮詢」碩士課程，從而成為比利時法蘭德斯首位不具獸醫身分的貓咪行為治療師。

在 2008 年創立「Felinova」公司後，一切轉變到另一個層面；從諮詢開始，很快地即發展成替企業家和專業人士，提供貓咪行為相關的講座與訓練課程。最常聽見的意見回饋是：「她能用有趣、充滿熱忱且幽默的方式去說明事物。」只要安娜琳開始說話，就能緊緊抓住人們的注意力，她很快地就發現，這是讓飼主了解貓咪福祉，並說服他們換個方式來對待自家貓咪的最佳方式。

除了家貓以外，安娜琳也前往肯亞，協助研究長頸鹿之間的社交行為。在舊金山一場國際長頸鹿會議上，講授長頸鹿訓練相關課程後，她發現自己踏入了動物園的世界。她和動物照護員與他們所照顧的美麗動物，進行著緊密交流，至今為止接觸過的動物包括獅子、山魈、斑哥羚羊、

貘、河馬、長頸鹿、北美豪豬、美洲豹、遠東豹、紅領狐猴及蜘蛛猴。也因為這場冒險之旅，她參演了兩季 BVN 電視台的《幕後動物園》（The Zoo behind the screens）。安娜琳時常以貓咪專家的身分，受邀參加各種電視及廣播節目，並撰寫貓咪故事專欄。

除了動物間的行為調整外，安娜琳的另一項最大愛好，就是將人們聚在一起，並指導他們更進一步擴展這個新領域。她在每年十一月都會舉辦的知名貓咪會議「Poes Café」（譯作「貓咖啡」，源自法語，是一種餐後酒名，在此是指齊聚一堂以探討貓咪世界），於 2018 年舉辦第六次，且與會者達到前幾年的三倍之多。來自世界各地的愛貓人士與專家們齊聚一堂，聆聽海內外講者進行貓咪行為及福祉相關的演講。安娜琳於 2015 年推出 Felinova 貓咪教練 © 執照（Felinova Cat Coach © Diploma）。針對貓咪相關專業工作者，以及想精通貓咪各方面事項，替客戶提供更棒服務的人們，提供了加強職業課程。我們即將邁入第三年，目前已有二十五名人士取得此執照。歸根結底，安娜琳堅定的信念就是「相伴同行，強大無懼」。

而今，我們的最終夢想——第一本書籍——也出版了。安娜琳希望透過這本書，能加深更多人對貓咪行為的了解，從而使貓咪擁有更好的生活。

國家圖書館出版品預行編目資料

快樂貓咪飼育指南：完整了解貓咪行為，提供實用的飼養技巧，與愛貓建立良好關係！ / 安娜琳・布魯（Anneleen Bru）著；翁菀妤譯. -- 初版. -- 臺中市：晨星出版有限公司，2021.04
　　面；　公分. --（寵物館；103）

　譯自：I love happy cats.

ISBN 978-986-5582-09-8（平裝）

1.貓　2.寵物飼養　3.動物行為

437.364　　　　　　　　　　　　　　　　110001082

寵物館 103

快樂貓咪飼育指南

完整了解貓咪行為，提供實用的飼養技巧，與愛貓建立良好關係！

作者	安娜琳・布魯（Anneleen Bru）
譯者	翁菀妤
編輯	林珮祺
排版	曾麗香
封面設計	Betty Cheng
插畫	Bence Berszán Árus

掃瞄QRcode，
填寫線上回函！

創辦人	陳銘民
發行所	晨星出版有限公司 407台中市西屯區工業30路1號1樓 TEL：04-23595820　FAX：04-23550581 行政院新聞局版台業字第2500號
法律顧問	陳思成律師
初版	西元2021年04月15日
總經銷	知己圖書股份有限公司 106台北市大安區辛亥路一段30號9樓 TEL：02-23672044 / 23672047　FAX：02-23635741 407台中市西屯區工業30路1號1樓 TEL：04-23595819　FAX：04-23595493 E-mail：service@morningstar.com.tw 網路書店 http://www.morningstar.com.tw
訂購專線	02-23672044
郵政劃撥	15060393（知己圖書股份有限公司）
印刷	上好印刷股份有限公司

定價380元
ISBN 978-986-5582-09-8

I love happy cats - Guide for a happy cat
Published by Felinova Comm. V
© Anneleen Bru 2017
All rights reserved

貓咪當然會說話，
但只有懂得聆聽的
人才能理解